Whisky Travel

威士忌旅程再啟

林一峰 Steven LIN　著

因威士忌而美好的探索之旅

目錄
Contents

Chapter ①
威士忌旅程再啟

Chapter ② 威咖我想問！

Q1　平常在家裡的私人時間，您都喝什麼樣的威士忌？

Q2　近期，您最有印象的酒廠是哪間？當下腦海中會馬上浮現的那種。

Q3　在蘇格蘭，每個產區都有擁護者，有沒有哪個產區是您覺得可以多關注的未來之星？

Q4　在您心目中，有沒有調和威士忌的愛好清單？

Q5　除了蘇格蘭的調和威士忌，還有其他國家的調和威士忌推薦嗎？希望是價格親切的路線～

Q6　老師平時都純飲嗎？如果我想在家用威士忌製作調飲，有什麼推薦喝法？

Q7　如何分辨什麼類型威士忌加蘇打水好喝？什麼類型加蘇打水不好喝？

Q8　哪種威士忌適合加薑汁汽水？

Q9　我們平常純飲，或做Highball、做調酒，有建議的品飲順序嗎？無論是去Bar或在家喝，都可以輕鬆享受的方式。

Q10　老師正在規劃自己的酒廠，您有希望酒廠的作品嘗試不一樣的過桶嗎？

Q11　建構中的新酒廠，首批的用桶策略已經決定了嗎？

Q12　世界上或在蘇格蘭有一些復甦中的酒廠，觸碰這些新酒廠時，要有什麼心理準備才不會太超出意料之外？

Q13　反過來說，我們更有機會從新酒廠去了解新世界，比方學習風土，對嗎？

Q14 有哪些國家或哪些地區的新酒廠，是老師特別期待的？除了前文提及的低地區以外。

Q15 有些長期喝威士忌的朋友會討論協會酒，我個人覺得喝協會酒是有門檻的，想請老師談談對於協會酒的想法，以及喝到什麼程度的威咖適合嘗試協會酒？

Q1 想了解威士忌的風土，若不是從原料來看，我們應該從蒸餾製程來看，還是從窖藏環境去感受它的風土？

Q2 在法國，有個Michel Couvreur牌子的威士忌，它從原料、橡木桶、陳年以及挑酒的人都來自於不同的背景人文，我們在理解威士忌的風土時，可以從人的角度來看嗎？

Q3 威士忌也有分新、舊世界嗎？

Q4 在葡萄酒的領域中，自然酒正受到重視，酒品強調果實本身的味道，威士忌也有這樣的趨勢嗎？

Q5 威士忌搭餐時，主要著重在入口的甜韻、香氣層次，還是契合度？

Q6 在台灣很流行電子醒酒器，除了醒葡萄酒，也有很多人拿來醒威士忌，威士忌需要醒酒嗎？

Q7 威士忌品飲者討論風味時，也像葡萄酒一樣，會有前中後味的描述嗎？

Q8 如何建立和培養品飲威士忌的敏銳度？

Q9 在葡萄酒的世界，大家訓練味覺時會用盲品的方式，威士忌也可以盲品？

Q10 您認為喝威士忌最好的溫度是？

● 請問執杯大師！喜歡威士忌的酒線記者·C先生 102

和蘇格蘭威士忌的熟成風格有所不同，想請問您對於熟成的看法。

Q12 除了泥煤味，還有哪些風味是威士忌初學者一定要體驗看看的？

Q13 在台灣似乎較少機會接觸愛爾蘭和加拿大威士忌，為什麼？同時也好奇這兩個產區的特色為何？

Q14 我曾經收到長輩餽贈的包桶威士忌，您對於包桶威士忌的看法是？

Q15 您之前在著作中曾提及「威士忌風味輪」，這是大眾所公認的品飲系統？或是視個人喜好而調整的軌跡？

Q16 威士忌入門者想拓展品飲廣度，您會建議如何進行？

Chapter ③
這種時候，你會需要的酒單

Chapter 4
執杯大師的新・12使徒

作者序
Preface

　　威士忌之美在於，它不僅記錄了生產威士忌的土地上人們的飲食生活、文化、風土條件，以及歲月的洗禮之外，品嚐它的我們也是隨著自己認識威士忌的深淺，隨著時間沉澱自己的生活品味。

　　《尋找屬於自己的12使徒》是我多年前對威士忌探索的生命歷程，對於那時的我而言，威士忌就像是一個大寶藏，讓人目不暇給的瓊漿玉液俯拾即是，每一家酒廠精湛的製程技術，每一款單一麥芽威士忌的獨特風味，每一塊製酒土地的人文情懷，都讓我迷戀不已，我探索威士忌迷人世界的腳

步，一家酒廠接著一家酒廠，一個國家跨過一個國家，不曾停止。隨著時代的變遷，我分享威士忌的方式，也從文字、出版物，到結合影音平台。

這次的《威士忌旅程再啟》與當初書寫12使徒的心境不同，彷彿眾裡尋他千百度，驀然回首，那人卻在燈火闌珊處。是一種回觀自身的心境，是那踏破鐵鞋無覓處，回首觀照自身所處的土地竟也成了威士忌生產的國度，同樣的，台灣威士忌一樣記錄著屬於我們的飲食文化、風土條件，以及歲月洗禮。更精彩有趣的是，這塊生產威士忌的土地還年輕，擁有許多可能性。產區風格、熟成曲線、陳年速率、風味譜系都尚未定義，就像是一塊讓探險者充滿鬥志的處女地。

同時，在這場全球大爆發的威士忌風潮之下，原來舊世界的新威士忌酒廠如雨後春筍般冒出來，而新世界的威士忌產區也不多遑讓。悲觀主義者擔心這波熱潮威士忌生產過剩，而我卻欣喜於這應該是威士忌世界迎來百年首次的文藝復興，傳承與創新並行，進入風味感知覺醒的新世代，工藝技術和美學藝術融合的新契機，即將讓威士忌世界走向一個了不得的時代，而我們恰好恭逢其盛。

舊時代的威士忌有時光沉浸之美，而新時代的威士忌展現了種種讓人興奮不已的改變和價值，身處當下的我們，任一種都值得細細品味，我心中新的12使徒，兩者兼具，其中有不應遺珠的雋永，但讓我覺得更不應錯過的是，那些透過製程和風味即將改變這時代的新思維。

蘇格蘭執杯大師（Master Keeper of the Quaich）

林一峰 Steven LIN

再次拜訪
威士忌

Whisky Travel

—

透過印度、美國、瑞典產區之旅，進一步與當地製酒者、
首席調酒師對談互動，感受到他們的實驗精神毫無框架、
超乎想像，形塑出威士忌下個世代更加百花齊放！

印度矽谷中的威士忌酒廠

為了前往印度拜訪威士忌酒廠，我可是拿味覺練了好幾個月的印度菜，想到即將初次拜訪那塊以香料聞名於世的大陸，一定得慎重其事，幸好台北有不少好吃的印度菜，一家接著一家，每個星期換一家餐廳試試，坦都里烤雞腿、咖哩燉肉、蒜味烤餅、香料餃子……，不亦樂乎，心中萬分期待飛往印度的旅程。

雖然我也聽到一些印度讓人水土不服的傳聞，記得前幾年，每年都要陪老婆上山打坐，參加為期十日的內觀（Vipassana），那裡嚴格執行禁言禁語，過午不食，一天打坐的時間要花上十幾個小時，專注與自己的內在對話，聽說許多人在前三天就會受不了，便放棄接下來幾天的內觀了。我去了幾次，認識一些藝術家或茶道老師，他們把上山內觀這件事當作平常沒事的自我靜心修煉，甚至一坐就是三十天。內觀結束，下山前的最後一天可以說話，大家都是趁這時交流心得，一位藝術家分享他去過印度許多次，拜訪了許多寺廟，拍了許多照片，他提醒我在印度不能隨便喝水，看起來再乾淨的水都不能喝，有人去印度後喝了水馬上拉肚子，以為環境衛生不好，是水骯髒的緣故，其實這不是主要的原因，

他說是印度的水含有許多礦物質，一般人腸胃不習慣，若喝過濾的瓶裝水就沒有拉肚子的問題了。

🍷 顛覆想像的印度威士忌

在前往印度之前，我就聽說印度威士忌的生產量冠全球，在每年出版的 Malt Whisky Yearbook 年鑑當中，全世界眾多威士忌品牌裡生產量最大的前十名當中有六名都是印度威士忌，不只如此，印度威士忌一直以來都穩居前三名的寶座。第一次聽到這個資訊的人多半瞠目結舌，一副不可置信的樣子，甚至那些印度威士忌的品牌，看都沒看過，連名字也唸不出來，以 2018 年的數字來看，蘇格蘭最強大的調和威士忌品牌 Johnnie Walker 為例，它也僅僅排名第五名，美國最強的威士忌品牌 Jack Daniel's 第六名，連金賓 Jim Beam 都僅能排進第八名，其他前十的排名幾乎是印度威士忌的天下。

所以這次印度的威士忌旅行，除了參觀這個國度古老的文明，探索它的飲食文化來一逞口腹之慾，最重要的就是了解這塊土地到底製造了什麼樣的威士忌？以及到底印度人喝什麼樣的威士忌，為何創造出來的巨量市場大到讓每個威士忌生產國都垂涎不已？

🍷 飛往香料之國

沒想到，到了印度，餐餐吃咖哩，早餐是咖哩，中餐陪著酒廠裡的工作

人員一起吃咖哩，正式的晚餐也是咖哩，有一天受邀到雅沐特 Amrut 酒廠全球品牌大使的家裡用餐，在家宴中，即使男主人和小孩都在倫敦受教育，吃的仍是咖哩，咖哩真的是印度人發自內在身心靈全方位的喜愛啊。不過，要特別說一下，在印度說「咖哩」可沒人聽得懂，他們沒有咖哩這種東西，這是外國人發明來簡化說明他們餐桌上充滿各式香料的食物，對印度人來說，餐桌上的食物是香料的藝術，每一道菜所使用的香料都不同，即便都在印度，不同的區域、不同的宗教信仰、不同的文化傳承，使用香料的習慣也大不相同，而我們魯鈍的味覺分不出其中太大的差異，便把那些混合了不同比例薑黃、芫荽籽、丁香、豆蔻、茴香、肉桂、八角、孜然、胡椒、辣椒、洋蔥、大蒜、薄荷等所有食材通通稱之為咖哩，對某些印度人來說，用咖哩來描述美食，就如同我用自家女兒課堂的畫作來比評大師偉大的作品一樣的無禮。

歷經一個星期印度之旅的情緒轉換，除了我在美輪美奐的宮殿門口多呆了 10 分鐘，打下一座寶可夢擂台，將我心愛的寶可夢放上去那霎時的成就感之外，就屬印度美食最讓人心緒起伏。從飛機轉機伊斯坦堡，在候機室中那令人目不暇給的異國飲食，就預告了香料世界已經對我敞開大門，落地後，每一餐都是道地印度美食的香料之道，甚至參觀當地國家花園的入口，看見小販正販售在地知名小吃 Pani Puri，正是印度電影《我和我的冠軍女兒》中的一幕，父親要女兒認真學習摔角前先放棄她最愛的食物 Pani Puri，在下定決心時，最後來到一攤小販前大快朵頤。還記得當時我看電影時，一邊感動著劇情，一邊對這種沒吃過的食物嚥口水，不管三七二十一，那些到印度飲食要小心注意的警告，早就拋到九霄雲外，買了一整袋的 Pani Puri，吃得過足了癮。

對異國食物充滿熱情的我，在連續幾天早、中、晚不斷出現香料轟炸之後終於疲乏，好想吃麥當勞、滷肉飯、牛肉麵的念頭取而代之，不過，當酒廠拜訪的行程結束，搭上飛機，準備返回國門，飛機才剛起飛的那一瞬間，我就開始想念起了充滿香料味的印度。

🍷 馬路上的嘉年華

地處印度中南部的班加羅爾號稱是印度的矽谷，是印度的第三大城市，位於印度南方的德干高原上，而威士忌旅行要拜訪的雅沐特Amrut酒廠正建造在這座城市中，班加羅爾的市區如此車水馬龍，我本以為居住在交通繁忙的台北城的汽車駕駛們已經身懷絕技，來到班加羅爾才明白自己的見識短淺，這裡人們駕駛著千奇百怪的拼裝車子，有些甚至載著滿滿的人，還看見有人一隻手一隻腳懸在半空中，輕鬆地掛在車上，彷彿家常便飯，而這些車子不管噸位大小，載的人多寡，都能毫不猶豫地一股腦往前衝，有縫就鑽，有路就上，就算車子間距僅釐米，還能緩慢地再往前移動。如此高超的駕駛技術，當地人完全一副習慣成自然的樣子，讓我這樣的觀光客佩服得五體投地。

突然間，我發現了一個重大秘密，同時存在混亂無比以及井井有序如此矛盾的交通狀況，原來是因為這些駕駛與駕駛之間彼此暗通密語，才讓這麼混亂的交通沒有釀成大禍，反而車行順暢，我在路上總不時聽到此起彼落的音樂，而且從每部車子中傳出來的音樂非常特殊，為什麼我描述聲音是音樂，而不是喇叭聲？因為每部車子傳出的喇叭聲都不一樣，而且沒有尖銳刺耳的高音，都是一大串好聽又悅耳的複雜音符，像是寶萊塢的音樂

一般，聽著都讓人有莫名的快樂感受。

我在台北這個城市開車，很少按喇叭，除非緊急事故或違規車輛突然靠近自己，否則不按喇叭的，正常的駕駛都在馬路上循規蹈矩、忍氣吞聲且安靜地慢慢等著紅綠燈。班加羅爾看不太到紅綠燈，在這裡按喇叭就像是催油門一樣，隨時隨地每部車子都在發出那莫名快樂的轉音喇叭聲，當大家都在按時，就像街上的車子都擁有 AI 人智並開始聊起天來了，塞車也聊天，加油門也聊天，超車也在聊天，那麼多的特殊喇叭聲，聽起來一點也不吵，彷彿在馬路上開起了嘉年華會，你一聊我一句，你一言我一語，唱起了和聲，擁擠的交通沒有火藥味，更像是在辦 Party，那些五顏六色的拼裝車就是濃妝豔抹的年輕人，那擠得快要碰在一起的車子彷彿牽起了手，在這煙塵四起的馬路上，當場狂歡了起來。

本以為這樣混亂的交通容易發生事故，或造成交通打結，卻沒想到看不到太多紅綠燈指揮交通的大馬路，竟亂中有序，車多但車流卻從沒堵住，當下十分讚嘆印度交通的神邏輯，從機場到酒廠的車行，竟安然無恙，也沒有太多時間延誤的到達目的地了。

🍷 傳統的印度威士忌

印度是如此特殊的國家，那些佔據在全世界產量前三名的印度威士忌到底是什麼味道呢？肯定要一探究竟。

2019 年印度阿薩姆省，就是那塊產紅茶很有名的土地，一群茶園農工

因為喝了摻甲醇的假酒，造成超過150人的死亡。聽到這個讓人非常震驚的國際新聞，讓我想起小時候台灣也發生過類似喝假酒死亡或失明的案件。雖然這些年來，台灣已經沒有再傳出喝假酒致死的新聞，不過每一年都有傳出查獲非法工廠製作，或是酒店販售假酒，而那些假酒的製作是透過收集知名品牌空瓶，再將劣質酒添加色素和香精裝填進去來魚目混珠，以低價劣質品賣高價牟利，所以這些假酒喝了不會死，也不會瞎，只是證明了那些被騙的人醉翁之意不在酒，喝不出假酒和真酒的差別。

因為我無盡的好奇心，來到印度之後，雅沐特酒廠首席調酒師禁不住我的軟磨硬泡，帶我去看傳統生產印度威士忌的工廠，讓我大開眼界，原來那些在全世界銷售量冠軍的印度威士忌是用中性酒精加上色素和香精變出來的，加威士忌香精就成了威士忌，加白蘭地香精就成了白蘭地，調好香精和色素的酒精經過快速的包裝生產線，將超過40%的高度酒精裝進鋁箔包當中，以很便宜的價格，再賣到全印度的酒吧和高檔的零售通路。我好奇地問，這用鋁箔包裝的威士忌在酒吧裡怎麼喝呢？「剪開來倒進杯子裡純喝或是加冰塊，調雞尾酒也可以。」首席調酒師說著並盯著我，表情一副少見多怪的樣子。

怎麼說呢，以傳統印度威士忌三精一水的製作方法，看起來跟台灣那些做假酒的手段差不多，怎麼形容呢？好像是領有合法牌照，有自己的品牌，喝了不會死人，不會眼瞎，成本廉價，銷售價格對身在台灣的我們來說也是廉價的，還可以公開販售的劣質酒。而印度阿薩姆的茶園工人就是因為買不起這些有品牌的劣質酒，才去喝了那些沒有品牌還有摻甲醇，喝了會死人的劣質酒。

雅沐特 Amrut 單一麥芽威士忌酒廠不是傳統的印度酒廠，像雅沐特這樣以麥芽作為原料，經過糖化、發酵、並以銅製壺式蒸餾器批次蒸餾，接著取酒心，最後放在橡木桶當中陳年，以如同標準蘇格蘭嚴格法規製作出量少質精的威士忌酒廠，目前在印度屈指可數。

班加羅爾的官員有時候會希望動用特殊關係，直接與雅沐特酒廠買一兩瓶單一麥芽威士忌，但肯定會被酒廠人員斷然拒絕，因為產量很少的雅沐特單一麥芽威士忌一出廠，就已經配到全世界不同的市場，並且供不應求。對在地人來說，雅沐特酒廠的威士忌是夢幻逸品，是那種要動用關係時拿來送禮的寶貝，就像是大陸市場的茅台一樣。聽到首席調酒師這麼說，我不禁羞紅了臉，啊～剛剛我在酒窖參觀時，硬是訂了兩桶威士忌，還在酒桶簽上自己的名字，是賣我多大的面子啊！

🍷 華麗宏偉的邁索爾皇宮

到了星期日，酒廠的全球品牌大使安排我下午參觀邁索爾皇宮，這座號稱全印度最美最大的宮殿，在每週日的下午七點會把全部的燈打開，進行點燈秀，聽說是一生不容錯過的美麗，霎時金碧輝煌無以復加，更甚王朝鼎盛那最輝煌的時期。

文化肯定是威士忌中最重要的養分。認識威士忌其中的風味和製程雖然是了解威士忌的手段，但威士忌來自的那塊土地和人們思考世界的方式，才是決定他們要把威士忌要做成什麼樣子的內在理由。

邁索爾皇宮是由一位英國建築師亨利歐文所建造，從19世紀末，蓋到20世紀初竣工，其中包含許多歷史悠久的宮殿和寺廟，印度的政治和宗教緊密聯繫，加上當地信仰眾多，後來印度還曾經是英國的殖民地，所以參觀邁索爾皇宮時能感受到許多不同的文化透過建築語彙傳遞出來，有印度教、伊斯蘭教、哥德式建築融合在一起，有彩繪玻璃，卻鑲著孔雀和曼陀羅花的圖案，殿裡有美麗的象頭神龕雕刻，門廳也有精美的歐式馬賽克地板，門廊旁的壁畫不僅保有王朝古老的輝煌，也畫著東西方交流的歷史。我赤著腳遵循著古老的儀式走在八角拱形大殿內，穿過雕刻著虎鬥的競技場，踩著輕快步伐滑過宮廷舞廳，望向大廣場的閱兵台，聽說每年秋天這裡一年一度的達薩拉節，都會有無比華麗的大遊行，就從這座廣場出發。

如果我穿越時空，回到100年前這座剛蓋好沒幾年的邁索爾皇宮，會是一番什麼樣的景象呢？想著想著，時間一到，夜幕低垂，燈光瞬時打開，我像走進時光隧道般，不可置信地看著在夜空下金光閃閃的皇宮，身旁的眾人連連驚呼不已，這才將我喚回現實之中，捏了捏自己的臉頰會痛，確定時代正確，沒有掉在時光甬道中，迷失了自己。

🍷 水是威士忌的靈魂

在這個任何事物普遍需要行銷的時代，我們聽了太多威士忌酒廠談自己的好山好水，讓大眾消費者對於水的重要性，有了過多腦補的想像力。彷彿那茶聖用來泡茶回甘的湧泉好水，會讓製作出來的威士忌轉凡成聖，而從阿爾卑斯山上融雪所留下來的水源，會讓入口的威士忌喉頭有無比迷人的沁涼感，如此豐富的想像力，全然是水之於威士忌製作的影響力被過譽

了。水就像是威士忌的靈魂，十分重要，但是我們卻又察覺不太出來，只能從那些隱約又枝微末節處感受到，相比之下，橡木桶對威士忌風味的影響力比水源大太多了，然而，水卻如靈魂般，無所不在。

威士忌製作對水源的要求除了充足和乾淨無他，在地環境所造就水的溫度以及水的硬度，都會在威士忌製作最重要的工序如發酵和蒸餾中，起到一些特殊作用，這些作用所造就酒質細微的影響，或許可以稱之為風土條件，或也能說是威士忌背後的幽靈，總而言之，它的影響確實是隱而不顯的。

當全球品牌大使說要帶我去探尋雅沐特 Amrut 酒廠的水源地，我用一種生無可戀的表情告訴他，印度的天氣太炎熱了，我真心比較喜歡待在冷氣房，不想去野外曬太陽，當然，印度人對人臉辨識的能力肯定不行，完全不懂我的意思，他還以為我迫不及待想去看看，最後只好悻悻然跟著他一起前往來回兩個小時車程遠的水源地。

兩個小時車程遠？沒聽錯。像我們這種拜訪過數十家蘇格蘭威士忌酒廠的人都知道，在蘇格蘭，酒廠都是蓋在水源地旁，製酒的用水量不小，從發芽、糖化、發酵、到蒸餾的冷凝水，都需要用到大量的水，更不用說每一批次生產後的清洗都需要用水，使用天然水源地的用水取得成本最低，同時也最能彰顯威士忌與那塊土地水質的關係。水源地與酒廠距離很遠，如果是一座山，上游和下游的關係，那沒話說，從平地開車24公里到一個跟酒廠八竿子打不著關係的土地，還說是水源地，這到底怎麼一回事？

印度擁有16%的世界人口，卻僅佔4%的全球水資源，加上過度開採地下水來滿足農業和工業所需，讓有機物質、鹽類、金屬都進入了地下

水，加上印度土地的礦物質含量原本就很豐富，如此過重的硬水本就不適合製作威士忌，所以雅沐特 Amrut 酒廠千方百計找到一處水源十分乾淨的湖泊，那裡有從天上落下的雨水，雨水是軟水，而湖泊再經由地下的花崗岩過濾而出的湧泉水，水質柔軟、甘甜、乾淨，這樣的水源對印度來說就像是珍寶一般，酒廠把水源周遭的土地全都買了下來，聘雇專人看守，定期派遣水車，一車一車的把這裡的好水運到酒廠去，擔當起威士忌用水的重任。

水源地這裡有著長得像無花果的木瓜榕，生長茂盛得讓人有密集恐懼症，聽全球品牌大使 Ashok 說這些木瓜榕比無花果珍貴，無法人工培育種植，因為它擁有獨特的授粉方式，這種樹開出的花僅留一個很小的通道，讓一種叫做「榕小蜂」的昆蟲進去授粉，其他昆蟲很難進去，而榕小蜂的繁殖也是在花朵中進行的伴生關係。吃幾顆木瓜榕對我來說是新鮮事，但喝幾顆椰子汁對我來說就是家常便飯了。水源地旁也種了好幾排的椰子樹，只看工人熟練地爬上樹，把椰子摘下來，用彎刀如斬瓜切菜的把椰子弄出一個口子，讓我們隨意地喝了起來，天氣如此炎熱，甚是消暑。

當 Ashok 親自示範用雙手將水源地流出來乾淨的軟水，捧進自己的口中喝掉，並用鼓勵的眼神示意我也跟著一起做，這時，心中突然浮現我在內觀時認識的藝術家友人一再提醒我的畫面，千萬不要喝生水，也不要喝瓶裝水之外的飲用水，因為印度水質引起的水土不服，可能會造成我接下來的行程全都活在不斷拉肚子而產生的虛脫當中。但 Ashok 再次確定的對我點點頭，我只好豁出去了，用未來幾天的身體狀況來證明雅沐特酒廠的確擁有在印度可以生飲的絕佳水質。

🍷 黑天女神的庇佑

　　印度之行的最後一天，來到了班加羅爾的庫本公園，這座融合了西方與東方建築樣式的公園佔地上百公頃，有蔥鬱蒼翠的樹林、色彩鮮豔的奇花異草，園中皆是古色古香的印度風建築物，包圍著一大片英倫式傳統庭園的規劃。或許是週末的關係，整座花園被當地人擠得水泄不通。我避開了人潮，跟著導覽人員進入一座黑天女神廟，這裡供奉著全身塗上黑漆的女神，一般來說，神像多半塗上金身或是各式彩繪，塗成黑色的女神甚是少見，導覽人員說，印度的水源十分珍貴，這座難得巨大而美麗的花園因為蓋在水源地，加上旁邊就是水庫，灌溉用水沒問題，才能讓這座花園看起來如此欣欣向榮，而這位女神就是水源的保護神，水屬黑，因此祂才會被塗上黑漆。我心想，萬事萬物殊途同歸，中國古代所留傳下來木火土金水的五行之學，其中水代表的顏色正是黑色，雖然印度擁有不同的文化，但古老文明內在的底蘊卻如此相似。

　　傍晚時分，人潮似乎騷動了起來，只見人們往公園的一隅幽閉處移動，帶我來的酒廠人員提醒我跟著人群集中處走去，說是晚間的高潮即將來臨，我懷抱著好奇心跟著前往，來到空曠處，看見這時已經有許多人團團圍住一座噴泉，說時遲那時快，不知從何處播放起印度的傳統歌聲，而十多公尺高的噴泉就隨著音樂變換著花樣，同時七彩的燈光秀也隨著音樂把噴泉妝點得五彩繽紛，雖然好看，但是曾經到過澳門賭場飯店和拉斯維加斯賭場飯店看過奢華無比的噴泉燈光秀的我，這裡的噴泉就顯得平平無奇了。突然之間，數首歡樂的歌曲後，樂音一轉，從寶萊塢歌聲，換成一首聽起來莊嚴偉岸的樂曲，四周的人瞬間站了起來，往噴泉移動，並且跟著音樂唱了起來，有一些穿著像是軍人，以及穿著像是學生的團體，皆默默

舉起手敬禮，有幾位年紀比較大的印度人把手放在自己的胸前，頷首掉淚。一時間，我竟反應不過來，在眾人虔誠的歌聲中，我的身體不由自主受感動得渾身起了雞皮疙瘩。我猜想他們唱的是印度國歌，是現今仍能一起團結著唱國歌且一同拭淚的民族。

這是最後一首曲子，結束後所有人漸漸魚貫散去，空氣中彷彿還蕩漾著那群人方才激動情緒的餘韻。

在緩步隨著人群離開庫本公園的路上，我把這週旅行對印度的所思所見記錄下來，順便整理了一下心情，而一直陪伴著我整趟旅程的酒廠工作人員很認真地問我對印度的看法，我反過來問他對自己生活的土地的看法。相對於一般印度人，若從學經歷來看，他屬於高知識份子，他對我說著對這塊土地未來正面的期待，宗教為人民帶來心靈上的安定感，以及經濟發展後人們將擁有更寬廣的視野，讓人驕傲的古老文明雄厚的底蘊，還有傳統文化深入人心對人民凝聚強而有力的共識，也是印度社會發展不可或缺、一股很大的穩定力量。

經過印度之旅，或許啜飲在我口中的印度威士忌，也會把這些日子從印度得到的文化洗禮，刻進味蕾裡，那嚐出來的每一分感受，又會多出幾分深沉的氣味呢？

瑞典極北之地的威士忌酒廠

極光照拂的國度

前幾年幫自己安排了極光之旅，想要對地球物理科學中難以解釋的神秘現象一探究竟。前往北極圈看極光有三條主流路徑，一條從北美進入，一條從北歐進入，一條從俄羅斯進入，因為有熟識的友人帶隊走北美行程，所以第一次的極光之旅就從阿拉斯加搭極光列車進入極北的苦寒之地。運氣很好的我們，在進入北極圈的第一天，就遇到極光大爆發，架在雪地上的照相機快門一直不停地按著，彷彿透過相機的喀喳聲，就能夠攫取極光之魂，收進記憶卡當中。令人遺憾的是，從第一天之後，每日對著夜空的翹首盼望，那像是俄羅斯輪盤機率般的極光，再也沒有映入眼簾過。相隔一年，我前往同樣是極北之地的北歐拜訪瑞典高岸 High Coast 單一麥芽威士忌酒廠時，也期待著能再次見到極光流明於夜空。

過去從來沒有到過如此高緯度的國家，原先想像那是一個冰天雪地的國度，人們都躲在家裡吹暖氣，出門用毛皮將自己打扮成全副武裝，身體必須養出許多脂肪才能在嚴寒之中活下來，就像《權力遊戲》影集中的主角

們一樣，在窮山惡水的冰原中求生存。卻沒想到，從斯德哥爾摩一下飛
機，到前往酒廠的路上，沿路開遍滿地的魯冰花比亞熱帶的台灣更嬌豔，
蔚藍的天、溫暖的太陽，拂面輕吹過乾淨而涼爽的風，顛覆了我對北歐的
想像，這不是酷寒的末日列車，而是托斯卡尼艷陽下啊！

　　瑞典四季分明，加上日夜溫差大，成就了威士忌橡木桶獨特的熟成條
件，過去自己貧乏的想像力總以為越北方的緯度越高、氣候越寒冷，威士

忌在橡木桶當中熟成的速度越慢，威士忌的口感越集中，風味越冷冽。殊不知，每一塊土地都有自己得天獨厚的特色，或許是因為北大西洋暖流經過，或許是山脈阻斷了北方寒氣，或許是太陽直射的角度，或許是埋藏於地底的地熱，創造了每一塊土地擁有自己無限的可能性。而長時間儲存於那塊土地的威士忌，也會把這些氣候環境記錄在酒液當中，造就它獨特迷人的魅力。

回到自己的故鄉後，遠在瑞典的友人們，總是會三不五時把當天極光的照片放上社群媒體上，大呼～啊～極光又來了～大爆發啊～不時提醒我時候到了，別錯過再回去拜訪的時程表。

🍷 機械工程師的極致浪漫

瑞典高岸威士忌酒廠的首席製酒師 Roger 原本是位機械工程師，因為對威士忌懷有無比的熱誠，放下一切，跑到蘇格蘭酒廠去學習製酒，直到2010年受到瑞典 Box 酒廠的邀約再次回到瑞典，擔任酒廠經理的工作，從零開始協助創建酒廠，或許因為工程師鉅細彌遺的性格，以及許多顛覆性的實驗發想，酒廠很快就受到國際矚目，短短的時間裡，在2021年就拿到 WM（Whisky Magazine）年度世界最佳威士忌酒廠經理殊榮。

我去瑞典拜訪時，發現原來名叫 Box 的威士忌酒廠，是因為酒廠位於一座山峰下的河灣處，那座山峰砍下來的木材會隨著河流流下來，積聚在河灣處，工人用鐵鉤將木材弄上岸，製成木盒再賣到全世界，隨著經濟發展和產業更迭，製作木盒的產業被取代，後來這片三面環山，好山好水的舊

工廠土地就變成許多有錢雅痞的聚集地，這些雅痞們最愛喝威士忌，於是他們心想，為什麼不在自己國家的土地上建一座世界級的威士忌酒廠呢？於是有錢出錢，再把Roger這位對威士忌狂熱的工程師挖來，成立了酒廠。幾年後，美國一家威士忌裝瓶廠提出Box這個名字的專利協商，他們心想與其花大筆金錢進行國際專利訴訟，不如把那筆錢拿來擴增設備並建立新的儲酒倉庫，於是產能擴增一倍，並改名為瑞典高岸的High Coast威士忌酒廠，從此一鳴驚人。

Roger肯定是冷笑話之王，不認識他的人會誤以為他很冷酷，說起話來平鋪直敘，不帶任何感情，因此當他面不改色地說起笑話時，總會讓人一時愣在當場，不知該笑不該笑？他也是一位對數字極端迷戀的工程師，從瑞典高岸的威士忌裝瓶就看得出來，許多瓶酒的內容都暗含著數字弔詭的謎語。例如：Box的映橡系列作為反應不同橡木材質造成橡木桶風味差異的特殊作品，在第二號美國白橡木的作品當中，他第一階段將威士忌新酒在140公升的波本酒桶中陳年5.1年，與在200公升的波本桶當中分別陳年3年和陳年4.1年，將其融合後，第二階段再將調配後的威士忌分別放入40公升和96公升初次美國白橡木新桶中，分別陳年1.02年和0.83年的熟成，最後調和在一起，成為這次的作品。看到如此饒舌又讓人眼花繚亂的數字，我確定這不是冷笑話，而是Roger對精準數字的癡迷。同時也能看到他透過威士忌的製作，言前人之所未言，其中，他對於陳年的數字要求不是以「年」為單位，而是精準到以「日」為單位，其次，那些看似簡單的140公升、40公升、96公升這些橡木桶的尺寸，在坊間是找不到的，全都是找當地瑞典工匠特別訂製。工程師的浪漫光看表面是看不出來的，深究才能明白其中深厚的實力。

記得那天Roger親自帶我參觀酒窖時，指著酒窖地上畫著的那條黑色斜線，我滿臉狐疑看著他，他說：這條線是北緯63度，我要將它做成一瓶酒。於是他跟蘇格蘭訂63ppm泥煤濃度的麥芽，麥芽每公斤花了6.3瑞典克朗，每批次發酵麥汁做6300公升，發酵63個小時，蒸餾完的麥芽新酒放進特別訂製的63公升橡木桶中陳年，製作橡木桶的工匠出生於1963年，裝填好的橡木桶放上6.3公尺高的倉庫層架上熟成，預計陳年63個月再裝瓶，裝瓶酒精度設定63％，在華氏63度的室溫裝瓶，因為找不到

63cl的瓶子裝瓶，但是他發現當63+6.3+0.63+⋯⋯⋯=70，所以他可以用70cl標準瓶來裝這支威士忌。

原來這就是工程師的浪漫？

🍷 什麼是工程師心中完美的威士忌？

希臘神話故事中有一位極端俊美的男子，他是河神與水澤女神的兒子，名叫納西瑟斯。因為他長得太漂亮了，不只是男人，連女人都不及他的美麗，他的父母十分在意他的未來，便詢問祭師納西瑟斯的未來如何？祭師說千萬不能讓他知道自己的美麗，否則便會殞命。有一天納西瑟斯來到湖邊看見了自己的倒影，竟愛上了他，日復一日，沈溺於自己的倒影，最後在湖邊離世，變成一株水仙花，所以水仙花名字就是納西瑟斯，也是自戀之意。

這讓我想到，許多朋友都在追求最美好的威士忌，有些朋友從分數下手，有些朋友從價格下手，有些朋友從顏色下手，有些朋友從品牌下手，有些從年份下手，每個人心中都有自己最接近完美威士忌的定義。我在瑞典拜訪時，見到Roger這個人是如此在乎精準的數字，如此大費周章、處心積慮地製作出他心中完美的威士忌，所以我對什麼是他心中完美威士忌的答案很感興趣，於是就問了這個問題。

工程師思考的邏輯總是與眾不同。聽了我的問題，他說，與酒廠相臨那條河的對岸是他住的地方，春天他會划船來酒廠上班，冬天到了，河面結冰，他會騎著冰上摩托車來上班。既然目的是上班，使用什麼交通工具並

不重要，合適最好。他又回答：「酒廠蒸餾出來的新酒，有泥煤味的，也有沒泥煤味的，泥煤酚質的特徵是會在接近後段蒸餾的時候出現，所以透過取酒心時，在蒸餾泥煤味威士忌時多取30分鐘的酒心，使泥煤風格更加飽滿。什麼樣的蒸餾最完美？合適每一批原料的特性來製作最好。」他又接著說：「酒窖倉庫裡有各種不同尺寸的橡木桶來熟成威士忌，最小的40公升，最大的500公升，小尺寸的橡木桶熟成的速率快，大尺寸的橡木桶熟成的速率慢，大小和快慢跟一支威士忌是否完美無關，合適最重要。快速熟成和緩慢熟成會從橡木桶當中得到不一樣的氣味，如果能善用每一種橡木桶中熟成出獨特的氣味，讓它們扮演合適的角色，那才是威士忌最佳的展現。」

這位工程師大智慧的回答讓我驚訝，這是佛法啊～金剛經中說：「知我說法，如筏喻者，法尚應捨，何況非法。」佛法說，我們在追求威士忌美味的過程，用了一些方法，當我們得到了結果，就應該放下，而不是執著於法。就像是靠著竹筏渡河，過了河之後，捨不得把竹筏放下，還背著竹筏走，那麼我們的路是走不遠的。不論是年份、橡木桶，這些讓威士忌變得美味的工具，不應該因執著而成為阻礙我們的法障啊～

🍷 歡樂的河畔嘉年華

這次瑞典酒廠的拜訪，一部分是因為一年一度瑞典高岸在河畔辦的年度嘉年華，就像是台灣也會舉辦一年一度的大型酒展一樣。不過，在台灣參加酒展的消費者比較像是嗷嗷待哺的酒徒們，滿滿的攤位，一家喝過一家，一杯喝過一杯，將會場擠得水泄不通。在瑞典的酒展生活化許多，首

先場地在戶外，參加人數限定一千五百人，有許多座位區，座位區前有一座舞台，聽說他們請了瑞典知名的樂團來表演，有點龐克風格的搖滾樂，就是吉他手會甩著頭髮，偶而在舞台上做出華麗的滑步，不時會飆出高音，有點像重金屬的老搖滾。整個會場最受歡迎的那一攤，搞了一個大型金屬製的烤肉爐，不斷製造出誘惑人的梅納反應，現場肉香四溢，把所有人都吸引了過去，烤好的肉被做成美味的三明治提供給大家，大排長龍，我擠都擠不進去，只好聞著肉香猛喝威士忌。還有在地的精釀啤酒，把像是便利商店的飲料冷藏櫃都搬來場地了，陳列一排五花八門的啤酒，讓人目不暇給，一位短髮的女孩站在這攤，熱情招呼著我試試他們的啤酒。許多歐洲的蒸餾廠習慣將在地的香草植物、香料、水果，放進蒸餾器中蒸出屬於記錄那塊土地風味的琴酒，嘉年華上也能見到好幾款琴酒，變化出不同的雞尾酒供人享用。

碰巧的是，我在嘉年華會遇見首次見面的老朋友，只有在這個社群媒體發達的今日，才會有「首次見面」和「老朋友」連在一起的新鮮詞。我在臉書加入一個印度威士忌社團，認識住在瑞典的版主，他非常熱愛印度威士忌，總是會千方百計在全球蒐羅一些稀有裝瓶的印度威士忌，前幾年我恰好擁有兩桶自己私人桶的印度威士忌，他透過臉書主動找上門來，因此變成了朋友，他跟我說，為了找我裝的那兩桶威士忌，才發現這兩桶在台灣發行的威士忌，竟遍佈全球十幾個國家的收藏家手上，威士忌收藏這種全球性嗜好的傳播力好驚人啊！

走到一個收藏家私人分享的攤位，赫然看見南投酒廠的威士忌，雖然只有一瓶，但是那種萬里遇故人的心情，看到十分感動，當下就與攤主攀談了起來，相互約好有機會他來台灣找我，我願意親自帶他去參觀南投威士

忌酒廠。喜歡威士忌這件事似乎已經成為了某種全球性的運動，能讓人們在短短的時間內，天涯若比鄰。

台灣這座島嶼四面環海，海岸線極美，有機會我也想辦類似這樣生活化的威士忌嘉年華，在一望無際乾淨的沙灘上，烤肉、生啤、威士忌、地下樂團開唱、沙灘車與水上摩托車奔馳，不亦樂乎！

🍷 沒蒸過桑拿，不算來過瑞典

我對極北之地的三溫暖聞名已久，來到瑞典只是喝喝威士忌，看看極光，沒有蒸過桑拿，那似乎就像是飛到斯德哥爾摩幾個小時，馬上轉機飛走了，並沒有真正的進入瑞典。只有蒸過桑拿，才明白北方嚴寒的冬天，原來日子也可以過得很痛快。

瑞典人洗三溫暖的記錄最早出現在13世紀的法典中，他們把教堂和桑拿小屋都當作神聖之地，將水緩慢地淋在炙熱的石頭上，讓整個空間充滿水氣，這樣的行為很像是古代的一些宗教儀式，而水一直以來都是孕育生命的象徵，就像是禮拜儀式中潑灑聖水引領人們進入神聖的世界，在桑拿中，從炙熱石頭上昇華的水氣，拿來清潔自身和治療疾病，不正是和宗教部分形而上的意義不謀而合嗎？

不過，瑞典的桑拿從觀光客口耳相傳的重點就不是那種帶著歷史餘韻的安詳與寧靜，而是咬著耳朵說，你有沒有聽說在瑞典洗三溫暖規定是一絲不掛，不能穿泳衣，或是圍著毛巾。哇～那裸體不就被看光光了，哎呀～

你被別人看了，你也可以把別人看回來啊～我不要，羞死人了～

　　其實，在瑞典洗三溫暖跟其他國家並沒有太大分別，在飯店的公共浴池及男女混蒸處，穿著泳衣或是拿毛巾微遮都沒有問題，不過，如果我們到了鄉村戶外區，有著絕美的雪景，進到座落於靜謐樹林中的桑拿小屋，還在害羞地思考著遮遮掩掩，那失去的美景很可能比你想遮的皮肉多上許多呢。

　　我的瑞典三溫暖初體驗開始有些笨拙，進入桑拿小屋中，把溫度調控器打開來後，呆坐了好一陣子，似乎什麼感覺也沒有，還因為赤身裸體冷得直打哆嗦和幾個噴嚏，才開始研究哪裡出了問題。只見一顆顆的鵝卵石放在加熱棒上，我打開的溫度調控器應該是啟動加熱棒的，然後旁邊有一池水和勺子，一開始我還不敢將水淋上鵝卵石，因為水會直接淋到鵝卵石下的加熱棒，擔心會損壞設備，後來慢慢嘗試著將水淋上炙熱的石頭，冒出溫暖的水蒸氣瞬間氤氳了整個房間，隨著待在裡面時間越長，身體的毛細孔張開大口呼吸，皮膚的表面也出現一顆一顆的汗珠，摸起來有些滑滑的，彷彿一些油脂也被代謝出來，那種被淨化的感覺，當下有著說不出來的美好。高溫而潮濕的空氣也隨著肺葉的呼吸進入身體裡，呼吸道似乎多了平常不曾有的感受，彷彿可以在這裡安靜地數著自己的呼吸，數著體內細胞一個一個被熱空氣打開的知覺，身體像是甦醒了過來，或者是說重新活了過來。可以理解為什麼瑞典人如此熱愛三溫暖，三溫暖不只是提供身體保健的溫度，我想它也是面對自己身體的態度。

肯塔基州的美國威士忌酒廠

美國與日本的商業併購

2014年，日本飲料集團的巨頭——三得利公司，宣布用160億美元併購美國知名的威士忌酒業金賓，頓時躍升成為全世界第三大的烈酒製造商，這場世界級的併購案讓全球的威士忌酒業掀起了一陣風暴，威士忌的版圖正在重新劃分，同時，消費者也在猜想，美國威士忌會不會像前面10年日本威士忌一樣快速在國際舞台上竄紅，「山雨欲來風滿樓」正是如今的寫照。2016年，我應合併後的賓三得利公司的邀請前往美國肯塔基州拜訪，這場拜訪讓我想到2007年三得利決定正式將日本威士忌——山崎 The Yamazaki、白州 Hakushu、響 Hibiki 推廣到全世界，而與日本緣分最深的台灣在當時是全球推廣的第一站，恰好台灣也是全世界威士忌最重要的市場之一，當時我受邀拜訪，進行一趟極其深入的日本威士忌旅行，從文化、從產業、從製程、從風味、從市場，無一不與。這次的美國肯塔基威士忌旅行，將同樣會為美國威士忌在全球發光發亮的舞台揭開序幕嗎？

前幾年，一位美國的媒體記者採訪我，詢問我美國威士忌在台灣市場有

沒有未來？還記得當時我相當殘酷地回答他，肯定沒有機會。是的，美國威士忌在台灣市場是不可能撼動蘇格蘭威士忌建立的霸主般的地位。前一陣子，我又收到這位記者打來的電話，時隔6年，他問我還記不記得他，他提醒我，當時他問了一些噶瑪蘭酒廠的問題，關於台灣特殊的亞熱帶風土，以及美國威士忌在台灣市場有沒有機會成為主流。6年後，他再次問了美國威士忌在台灣市場崛起的可能性，我還是用很保守的態度回應了他的期許。日本威士忌的崛起激勵了許多的威士忌生產國度，許多產區想要循此先例獲得市場的佔有率，但台灣是一個相當特殊的市場，小小的一塊土地，卻有著對威士忌豐沛的知識，和難以置信的消費力，所以許多品牌都把這裡當作市場的試金石，掂量自己的品牌在新興市場的潛力。

當日本三得利集團併購了美國最大的烈酒集團金賓，沉潛幾年的兵力調配和戰略設定後，於是開始對台灣市場猛攻，看看是不是可以依循之前三得利角瓶的策略，一舉攻下灘頭堡。所以我們開始在各大快炒店，小吃店、烤肉店、火鍋店，看到金賓Highball大舉入侵，讓美國威士忌佔有一席之地，說實話，金賓Highball不難喝，價格也合理，但是早年在消費者心目中種下美國威士忌廉價的陰影，在如此熱愛高檔蘇格蘭威士忌的市場，很難重新洗刷人們心中的既定印象，所以第一波的進攻最後並沒有獲得太大的成功。6年過去了，新一波美國威士忌的浪潮再次席捲，除了有更多平價的美國威士忌品牌進入市場，終於也有了彰顯美國製酒工藝最高品質的高價美國威士忌，甚至還有美國裸麥威士忌的新風潮在酒吧調酒師之間口耳相傳著，以及一些標榜著和傳統美國波本威士忌不一樣的工藝酒廠，也引進台灣，如此百花齊放，又耕耘了多年的市場，這回應該值得好好關注美國威士忌的表現了吧！

🍷 波本威士忌的茶包理論

美國最有名的波本威士忌有95%都來自於肯塔基州，這也是大家所熟知的美國威士忌的味道。波本威士忌有幾個簡單的定義，就是必須放在全新的烘烤過的橡木桶當中熟成，原料當中51%以上是玉米，玉米的原料讓波本威士忌更加香甜可口，而重度烘烤過的全新橡木桶也讓波本威士忌有著雄厚扎實的風味。我拜訪金賓酒廠時，看見那巨型的連續式蒸餾器像一只沖天的煙囪，高聳在威士忌酒廠的天際，那滾滾流出的酒心，還有那一棟棟的儲酒倉庫，以及參觀了那在烈火之下炙燒的橡木桶，美國酒廠給我的印象與蘇格蘭威士忌酒廠很不一樣。

後來我們也去參觀了美格威士忌酒廠（Maker's Mark），以及留名溪酒廠（Knob Creek），尤其是美格這家精緻的酒廠，還保留著百年前印刷酒標的機器，我們一群人在它特殊的蒸餾設備前站了好一陣子，討論那獨特的蒸餾工序，亦是美好的經驗。我也嚐了留名溪酒廠的蒸餾器剛蒸餾出來第一道優美的酒心，還親手把透明新酒裝進橡木桶裡。換言之，美國酒廠和蘇格蘭酒廠的不一樣，並不是誰好誰壞，而是我感受到了文化上的差異，那種不同是骨子裡的，正因為骨子裡的不同，才會讓同樣是穀物蒸餾並放進橡木桶中熟成如此相似的威士忌，在風味上有如此不同的感受。

酒廠派了專車接我們前往酒廠參觀，司機先生是一位幽默風趣的老先生，車行駛在熱鬧的街上，兩旁是放著爵士樂的酒吧餐廳，透過麥克風，司機跟我們介紹這座城市的歷史，棒球、賽馬和威士忌，組成了這座城市的主旋律，熱愛棒球的老先生似乎能把美國職業棒球隊過去的每一場經典比賽倒背如流，九局下半，兩人出局，兩好三壞，在滿壘的情況下，三

號強打毫不猶豫地揮棒竟轟出一支四分的全壘打逆轉勝，看著司機先生那蒼老的眼神中流露出來的炙熱，當時，我只恨自己對棒球的熱情在小學時期，半夜睡眼惺忪爬起來陪父親聽威廉波特的世界少棒大賽時，就已消耗殆盡了，沒能完整感受他對棒球的熱情，不過，話鋒一轉，講到威士忌，司機先生臉上自豪的表情，那又是另一種截然不同的情真意切。

他說：「年輕人，你知道什麼是茶包理論嗎？」

咦～威士忌當中有茶包理論嗎？正當我一頭霧水，滿臉疑問的正準備請教時，司機先生不顧我猶豫的空擋就接著說：「陳年威士忌的橡木桶就像是立頓紅茶的茶包一樣，茶包的第一泡最濃最香最好喝，在我們美國，

茶包泡了第一泡之後就會丟掉，不會再泡第二泡，第二泡的味道寡淡不好喝，不是我們喜歡的味道。」

當時，我坐在司機先生的旁邊，這是我第一次聽到茶包理論，可是我的腦子卻轉了好幾轉，我會喝立頓紅茶，但是我也喝台灣高山茶，一壺台灣高山茶可以泡好幾泡，在早期，第一泡茶還會倒掉不喝，茶水拿來洗壺洗杯，近年，已經越來越少人會把第一泡倒掉了，不過，我們多半覺得茶葉伸展開來的第二泡或第三泡更香。

我不會覺得茶包理論是不對的，這是文化上認知的差異，也是對風味上美感的差異，事實上，美國人的波本威士忌的確只用全新橡木桶來熟成威士忌，用完一次就不用第二次，確實遵循了茶包理論，之後就把二手的桶子賣給加勒比海陳年蘭姆酒，賣給蘇格蘭人陳年蘇格蘭威士忌，因為量大，所以全世界的製酒業都澤惠於美國波本威士忌的二手橡木桶。

車行駛至金賓酒廠，一行人被導引至酒廠負責人的接待室，由金賓家族第七代傳人 Fred Noe 親自招呼我們，身形壯碩的 Fred 帶著牛仔帽，人很親切，但很有氣勢，由於見面的時間已屆中午，我們就跟酒廠的同仁們一起用餐，開放的環境，桌上擺著三明治、薯片、起士、餅乾、咖啡和立頓紅茶。用完餐，我們在酒廠貴賓接待室當中和 Fred 一起品酒，在開始品酒前，Fred 先問了一句話：「你們知道什麼是美國波本威士忌的茶包理論嗎？」

有的，兩個小時前才剛剛聽過。

🍷 肯德基炸雞

美國波本威士忌的故鄉，同時也是肯德基爺爺的故鄉，千里迢迢來尋找波本威士忌的根源，順帶也要嚐一嚐全球知名連鎖店肯德基炸雞在原產地的味道會不會比較好吃？這種心情很難解釋，就像是有人來美國出差，總是會想帶瓶波本威士忌回台灣，明明同樣一瓶酒，台灣也有賣，而且還比較便宜，但是就會想要從美國帶回來，那種自己親自帶著飄洋過海的酒喝起來特別不一樣。

有時候，我們在旅行時去不同國家、不同城市，也會想嚐一下麥當勞，看一看不同國家的麥當勞賣的東西一不一樣，別說別人，我自己就忍不住走進了東京、巴黎、阿姆斯特丹、倫敦，甚至是印度的班加羅爾，去吃吃看每個城市的麥當勞到底怎麼樣，彷彿那是自己沒那麼熟悉的親戚住的城市，好不容易來一趟，肯定要拜訪一下叔伯阿姨。

肯德基爺爺是我心目中的不老男神，從小到大，他都長得一樣，即使到了肯塔基，跟他合照時，他還是一如往常的笑容可掬。在肯塔基的肯德基炸雞一樣沒讓人失望，或許是美國透過好萊塢將美國文化跟我們拉得很近，台北處處可見美式餐廳，所以口味的落差並不大。

一邊吃炸雞，一邊想著文化的共融性，我們常說的飲食文化，是從生活周遭的點點滴滴長出來的，是一種潛移默化的影響力。還記得美式速食文化在我高中時大舉進軍台灣，那時候到麥當勞、肯德基吃東西是一件很潮的事情，店面開在最熱鬧的街邊三角窗，跟同學約好在速食店見面前，會把自己最帥的衣服穿上，那時候許多高舉著正義和道德的媒體，很努力

批判著速食文化讓下一代年輕人的品味淪喪，它們越批判，速食店越開越多家，反而我認識一些講究品味、倡導慢食運動的店家逐漸消失了。沒多久，速食店不潮了，轉變成家庭餐廳，每一家店都有小孩的遊樂區。速食店持續向全球蔓延，又有些正義衛道者提出充分的證據，證明速食店的聯合採買造成糧食缺乏的隱憂，為了養牛砍伐雨林產生的溫室效應，基因改造糧食帶來令人擔心的未來等。現在，在我自己兩個女兒的心目中，麥當勞已經不是美國文化了，那是她們從一出生就已經有的消費行為，文化透過融合，已經分不清楚面目了。如同台北辦了許多年的牛肉麵節，牛肉麵文化在這個城市大行其道，但是推本究源，牛肉麵是高雄眷村老兵因懷念家鄉所做，故取名川味牛肉麵，但事實上四川並無牛肉麵的淵源，文化就是在周轉之間，進入了我們的生活，形塑了我們的記憶。

🍷波本之王──凡溫克老爹 Pappy Van Winkle

如果你想了解一下人們心目中最好喝的波本威士忌，如果你想知道最昂貴的美國波本威士忌是什麼味道？那你肯定要嚐一嚐波本之王──凡溫克老爹 Pappy Van Winkle。

「凡溫克老爹 Pappy Van Winkle」是孫子向爺爺致敬的一個品牌，並不是一家酒廠，它向不同的酒廠取得需要的原酒，透過自己的配方來調配裝瓶成為品牌，目前它的合作對象是野牛仙蹤酒廠。不過，大部分的美國波本威士忌使用新桶陳年的關係，多半熟成時間不長就裝瓶，這是因為如果熟成時間太長，有可能會出現滿滿的木頭味、丹寧澀味，讓威士忌變得不好喝了，而「凡溫克老爹 Pappy Van Winkle」是很難得的美國波本老酒。

因為它的產量太少，所以往往一瓶難求，在某一次威士忌的評鑑當中，它拿到99分的超高分而被廣為宣傳之後，一時無兩，從此成了美威老饕的夢幻逸品。

多年前我喝過一瓶陳年20年的凡溫克老爹，它那蜂蜜焦糖般的香氣，馥郁而飽滿的口感，那芬芳酯味濃稠到彷彿黏口，讓我驚為天人，之後託朋友前往美國尋找未果，才知道它已經成了波本威士忌世界的膜拜酒了。

美國威士忌酒廠的拜訪之旅，除了參觀波本威士忌的製程、了解威士忌之城的文化，我們也會去一些當地最知名的威士忌酒吧探訪，就像是幾乎所有外國賓客來台灣的威士忌行程，酒商都會帶來小後苑一樣。我們到了肯塔基最富盛名的一家酒吧，門口用了廢棄的老爺車做了裝置藝術，店裡也提供了聽說附近最棒最好吃的漢堡，大家一坐下來紛紛開始點食物吃，搭配威士忌蘇打，或是一些輕酒精的雞尾酒，只有我一個人靜靜坐在吧檯，用我敏銳的觀察力，死死地盯著放在吧檯後方酒牆上最高的地方，有個隱藏角落擺放了三瓶凡溫克老爹，分別是15年、20年、23年。我知道這是一般酒吧不會擺出來的酒，而且就算擺出來，一般酒吧也不會開來賣單杯給客人喝，因為凡溫克老爹擺著不賣，它會越來越貴，所以它們不會賣給一般不識貨的酒客。

我很忍耐地等到吧檯不忙碌了，才向那位看起來像是最資深的吧檯長開口，說我要一口氣點三杯酒，15年、20年、23年的凡溫克老爹各來一杯，不要加冰塊，幫我用聞香杯裝，旁邊附上一杯水，同時上給我，我打算慎重其事地好好品飲這三杯酒。吧檯長很謹慎地確認了三次我點的酒款，並提醒我這支酒的價格不便宜，看我很清醒地確認，他才搬了一座鐵

梯爬上去，將三支酒拿下來並幫我倒好。正當我準備認真品嚐這三支夢幻逸品時，同行的日本籍三得利台灣總經理——長江先生神不知鬼不覺地飄到我身旁，問我在幹什麼？花了一點時間跟他解釋凡溫克老爹在美威老饕心目中至高無上的地位，他竟一臉驚訝和無辜的表情，表示他也想喝，我暗示他可以自己點，不要喝我的，當他問了吧檯長這三杯的價格，瞠目結舌地選擇要分我的來喝就好，因為與他多年的情誼，我猶豫再三，終於讓他喝我的酒，然後最糟糕的狀況發生了，同團的友人們一個個靠過來問我們在幹什麼，然後這三杯酒就悲慘地被大家分而喝之，三得利台灣總經理也不好意思地把帳付掉了。啊～～這不是錢的問題啊～當時間被蹉跎掉，我也沒有時間再重新復盤，好好的享受凡溫克老爹帶給我的絕佳美味。

　　從上次肯塔基的美國威士忌旅行至今出書，已經隔了許多年仍歷歷在目，而且能把這件事的細節寫出來，就知道我仍記恨在心，哼～～

威咖我想問！
Whisky Q&A

—

以三種人設向執杯大師提問，從最貼近生活的品飲疑惑、
餐搭、居家調飲、保存條件，到風土、風味、產區新星、
如何成為「知識性品飲者」等，精采收錄數萬字詳答。

請問執杯大師!

熱愛威士忌數年的威咖
A小姐

Q1 平常在家裡的私人時間，您都喝什麼樣的威士忌？

A 我的回答可能會跟你期待的答案不太一樣。我家裡的威士忌超過兩百支，還不包括沒開瓶過的酒，而且持續增加中，所以我通常依心情來選酒，像是當時的天氣、室內外潮濕的程度、氣溫冷熱，還有情緒的抑揚等，都會影響我想挑哪支酒來喝。

我自己很喜歡有煙燻泥煤味的威士忌，像艾雷島那種有消毒水味的威士忌，但有一陣子，我只要靠近那樣氣味的酒就覺得很膩，巡酒櫃時，連拿酒的慾望都沒有；或許是那時候的天氣燥熱，讓我不想靠近它。雖然沒有特別的學術理由證明泥煤味是否與炎熱的氣溫衝突，但是天氣熱的時候，明明家裡有開瓶過的泥煤威士忌，我的目光卻不會落在它們身上，反而會挑一些花果香調的、風味比較清爽的威士忌。

其實我也喜歡雪莉桶風味的威士忌，酒液顏色比較深，很多巧克力、果乾以及可可、咖啡的味道。現在市場風味的主流是雪莉桶，大部分的威士忌品牌都會推出雪莉桶風味的威士忌，不管是純粹雪莉桶陳年的，或是雪莉桶換桶熟成的。有一陣子，我只要一看到顏色很深的威士忌就覺得很鬱悶，因為多半它的味道太厚重了、很濃，就像你不會想要每天喝普洱茶，清爽的台灣高山茶卻讓人可以天天喝的那種感覺。雖然在氣溫炎熱的夏天，我喝不下重泥煤味跟過分濃重的雪莉桶威士忌，但進入秋冬微涼的天氣，自然就有想喝煙燻味以及雪莉桶威士忌的慾望。

Q2 近期，您最有印象的酒廠是哪間？當下腦海中會馬上浮現的那種。

A 我最近這幾年特別喜歡波摩Bowmore這家酒廠，像今早還在開會，要安排到艾雷島參訪波摩酒廠的旅行。每次提到波摩，我就會聯想到沁涼的海風，還有酒廠風格中獨特的皂味，我去過波摩酒廠幾次，酒廠就蓋在海邊的一個小小港口旁。由於它位於艾雷島，因此風味中有著屬於那塊土地獨特的煙燻泥煤味，只不過波摩酒廠在整個艾雷島裡，煙燻泥煤味相對來說偏淡雅，它也是艾雷島少數酒廠的單一麥芽威士忌會用雪莉桶陳年的，所以它骨子裡藏著海風吹來時，那涼風徐徐的感受，入喉卻讓人覺得有陽光的熾熱感，就像春天的乍暖還寒。明明即將進入暖和的季節，但早上起來的時候，天氣仍有些冷冷的，等太陽出來後就開始熱了起來，加上酒廠的建築物，一幢幢海邊的白牆彷彿是希臘的地中海風格。這樣的暖中透涼，是波摩威士忌給我的風味想像。

Q3 在蘇格蘭，每個產區都有擁護者，有沒有哪個產區是您覺得可以多關注的未來之星？

A 肯定是低地區。在幾個產區當中，我們知道艾雷島獨特的煙燻泥煤味吸引許多的死忠愛好者；而海島區，每座島嶼所生產的威士忌如此不一樣，等同都是獨一無二的產區，各產區的擁護者眾多；斯貝賽區就更不用說了，這個產區的風味建立起大家對於威士忌的基本認知，單一麥芽威士忌中的幾個超級巨星酒廠都源自斯貝賽區；進到酒廠散居幅員最廣大的蘇格蘭高地區，總是會有一些出類拔萃的明星酒廠吸引人們的注意力，像我們所熟知的大摩Dalmore就在高地，還有知名的格蘭傑Glenmorangie，不僅如此，還有最近很紅的小山貓Clynelish也是高地區的明星酒廠，其實人們對於高地區的認識已經不少了。

而被低估的低地區，在最低迷時曾經關廠到僅剩下三家酒廠，一家是格蘭金奇Glenkinchie，知道的人不多，它是帝亞吉歐集團的一家觀光型酒廠，第二家是來自於三得利的歐肯Auchentoshan，它是整個蘇格蘭產區中最後一家採用100%的三次蒸餾，標準的低地區風格，但因為它產量太小了，知道的人也不多。第三家更小，它的主人換手不斷，命運顛沛流離，整年產量大概9萬公升，產量非常小，可說是一家農莊型的酒廠，知道的人更少，叫做布萊德納克Bladnoch，不過橡木桶洋酒最近有代理了。

行家都知道，低地區的威士忌有種迷死人的花香調，不過，那些生產迷人花香調威士忌的酒廠幾乎都關廠了，它們的威士忌也因此成了絕版威士忌。以前我剛開始喝威士忌的時候，內行的老饕會在低地區絕版酒廠中找花香調威士忌來喝，那時候價格也不貴，隨著時光演進，那些不再生產的

絕版酒慢慢從年輕變成老酒了，價格漲了，也不容易找到了。現在才剛開始學喝威士忌的人，想要喝喝看，多半只能參加品酒會，等藏家從酒窖端出來跟大家分享。

低地區中擁有絕美的花香調，卻已經關廠的酒廠還有哪些？我想舉兩個例子。像是玫瑰河畔Rosebank，它的花香美到爆，還有Littlemill小磨坊酒廠，天啊～現在一支要價10萬元左右，是有點高的價格。但好消息是，玫瑰河畔Rosebank在2024年已經重新復廠，當然這幾年低地區也多了很多新酒廠，我參觀過低地區幾家新酒廠，它們不只做出屬於低地區的花香調，甚至顛覆很多人對於蘇格蘭威士忌既有的價值觀，像是Clydeside克來薩酒廠、像是InchDairnie音區達尼酒廠，它們實在是太棒了！我覺得在未來，人們會重新看到低地區的酒廠，不只能讓大家看到低地區的往日榮光，甚至於在威士忌的舊思維外，進一步提出許多新觀念、新想法。前陣子我去了格蘭父子公司在低地區的一家新酒廠Ailsa Bay艾沙貝，它在同一家酒廠，做出超過七種以上的透明新酒實驗，那些充滿實驗性且迷人的好味道，未來一定會讓低地區大放異彩。

Q4 在您心目中，有沒有調和威士忌的愛好清單？

A 有的，但我們先談談調和威士忌和單一麥芽威士忌，它們在本質上不太一樣。所謂單一麥芽威士忌Single Malt Whisky，Single的意義不是指單一麥芽品種，而是「單一酒廠」所生產具有風土特色的麥芽威士忌，如果你問我喜歡哪家酒廠的單一麥芽威士忌，我個人喜歡波摩、小山

貓、格蘭傑，它們每間酒廠擁有的獨特風格是有其意義的。

　而調和威士忌，它行銷的是品牌，不是酒廠，換句話說，是透過首席調酒師針對這個品牌建構的風格所調配的威士忌。舉個例子，Johnnie Walker約翰走路有紅牌、黑牌、綠牌、金牌、藍牌，其實它還有更多不同限量版品項，對我來說，Johnnie Walker比較像是一個韓團，像是少女時代Girls' Generation，許多漂亮的女孩們組團，但是她們分別來自不同的家庭，彼此沒有血緣關係，但大家對她們有一致的印象，她們有著同樣燦爛的笑容、同樣動感的舞步，這就像是調和威士忌。倘若就這個問題精準地回答你，我會回答我喜歡哪支酒，而不是哪個牌子，那樣會比較有意義。就像是Johnnie Walker藍牌跟Johnnie Walker紅牌，基本上它們是完全不同的風格，就像是來自不同家庭，只是一起組團出道而已。所以，有人喜歡藍牌並不代表喜歡整個Johnnie Walker，他可能只喜歡藍牌，未必喜歡其他的，這跟單一麥芽威士忌是不一樣的思考方式。

　分享兩支我很喜歡的調和威士忌。第一支是Johnnie Walker的喬治五世King George V。大家可能比較少聽到，它不是限定款，不過產量比較少，早期只能在免稅店買到它，後來很多地方都可以買到了。喬治五世King George V的特色是它調和的基酒中，有一家我很喜歡的絕版酒廠，我曾給它取個名字叫做「消失的亞特蘭提斯大陸」，就是前作《尋找屬於自己的12使徒》中的第12位使徒，叫做Port Ellen波特艾倫。雖然它是調和威士忌，卻有著調和威士忌中難得一見的煙燻味，但煙燻味又不會過重，所以喝起來的感覺不那麼媚俗，加上它調和已關廠的波特艾倫是1980年代的老酒，那老酒隱約的煙燻味，轉變成深沉而複雜的美麗，在喬治五世King George V這支酒裡充分地展現出來。

另一支我喜歡的調和威士忌是皇家禮炮38年。它就是標準的斯貝賽風格，整瓶酒滿滿的水果味，擁有豐富的百香果、成熟水蜜桃的多汁風味，真的香甜至極，蘊含著熟透的美感。它沒有煙燻味，因此它的甜美就讓人直覺聯想到漂亮的輕熟女，甜美但不膩人，我覺得皇家禮炮38年就是大部分的人都會愛上它的調和威士忌。

Q5 除了蘇格蘭的調和威士忌，還有其他國家的調和威士忌推薦嗎？希望是價格親切的路線～

A 若談論風味，我也推薦日本的調和威士忌。不過，這些年日本威士忌價格明顯地被炒作過頭，在還沒有很多人認識它的美麗的時代，我很常推薦響Hibiki這支調和威士忌，不論無年份、12年、17年、21年、30年，每一支調和威士忌表現都很傑出，老實說，日本人面對調和威士忌時的精細深究，相對於蘇格蘭威士忌來說，日本威士忌更得我心。甚至，同樣都是三得利公司的威士忌，我喜歡調和威士忌中的響Hibiki，更勝於單一麥芽威士忌的山崎 The Yamazaki，威士忌調和本身就是一種工藝，而日本人真正貫徹了這件事。

目前響Hibiki的無年份價格相對合理，我覺得可以嘗試，藉由品飲來理解日本人調和工藝的精神。現在響Hibiki的12、17、21、30年價格已經超乎了我的期待，不過，放下價格，單純以風味來說，仍然能贏得我心目中調和威士忌的桂冠。

如果是我們平常容易取得、價格相對親民的調和威士忌的話，我推薦百

齡譚17年，它物超所值，品質高過於大眾對於17年的認定，價格也低於我們對於17年的認識，而且很適合你想靜下來時細細品飲，感受到調配工藝中蘊藏的許多細節。他們使用的部分基酒是很多威士忌老饕或是專家口中的逸品，所以完全物超所值。

最後聊聊調和威士忌的極品。對我來說，我心目中調和威士忌的極品都是極高年份的，例如：我曾喝過Johnnie Walker 50年、皇家禮炮52年，簡直美翻天。調和威士忌跟單一麥芽威士忌是不一樣的思維觀念，調和威士忌可以用穀類威士忌加上個性強烈的麥芽威士忌找到平衡，所以它幾乎不會出現用桶過重、過度熟成的問題，而且有足夠多的基酒選擇，透過調酒師的技術，即使是超高年份的酒，都可以調配十分傑出、完全沒有老態，讓人驚艷絕倫的好風味。好喝的高年份調和威士忌美得簡直無與倫

比，只要有人願意釋出，剛好你口袋夠深，都值得去挑戰看看。但是，終究我們是凡人，我們還是要回歸日常生活能夠拿來喝、好入手的酒款，像是百齡罈17年就是無可挑剔的好酒。

Q6 老師平時都純飲嗎？如果我想在家用威士忌製作調飲，有什麼推薦喝法？

A 如果你不擔心甜度的話，我想推薦一個非常適合威士忌的喝法——威士忌騷兒Whisky Sour。做法非常簡單，一份威士忌，擠半顆檸檬汁，再加點糖，也可以將糖換成蜂蜜。

Whisky Sour對我來說，是很經典的雞尾酒喝法，酸跟甜是種平衡，當然有些人能夠享受純喝檸檬原汁酸爽的樂趣，有些人只喝甜不喝酸，但若是酸甜不忌，並且能找到酸甜融合在一起的平衡，那就太美了。把威士忌加進去，享受飽滿的芬芳，同時擁有厚實的木質調，這樣的Whisky Sour太棒了！我有一陣子非常沉迷於喝Whisky Sour，以至於我用了不同的威士忌來調製，所以我現在完全可以告訴你，用什麼威士忌來調Whisky Sour最棒～

首先，你一定要用美國波本威士忌，為什麼？因為檸檬的酸度是很強悍的，甜度的膩也很強悍，得用非常強悍的威士忌才能跟它們平分秋色。美國波本酒是用百分之百的全新橡木桶，所以橡木桶味非常重，用又濃又香又醇的美國波本酒來做Whisky Sour才最完美。我曾經用過蘇格蘭威士忌，像是Johnnie Walker黑牌、麥卡倫的Single Malt來調，明明麥卡倫已經很濃香醇了，但是一調，馬上就被檸檬汁跟糖壓掉香氣。若用美國波本

酒來調 Whisky Sour，哇，天啊！那個橡木的香氣香到會讓你以為在喝香水，平時你純喝某些美國波本酒，可能會覺得怎麼如此嗆辣，但它的嗆辣卻能在調製 Whisky Sour 的過程中，與酸甜結合成絕妙平衡，記得要用碎冰去搖，而且在家裡，小碎冰也比較容易取得。

第二個推薦的是 Whisky Soda，也就是所謂的 Highball，推薦兩種軟性飲料很適合，沒有甜度的蘇打水和薑汁汽水，我覺得平常拿來製作琴湯尼的通寧水不適合，因為它略帶點澀味和苦味。當然，如果你極具創意，喜歡用冬瓜茶、養樂多、綠茶、紅茶來添加威士忌，我並不反對，或許也能找到適合你的口味。

Q7 如何分辨什麼類型的威士忌加蘇打水好喝？什麼類型加蘇打水不好喝？

A 我建議先觀察酒色，越接近乾淨的金黃色或淡黃色的酒色較淡雅，比較適合加蘇打水來飲用，而不是厚重的深棕色或是醬油色，風味厚重且駁雜的雪莉桶不一定適合加蘇打水來飲用，改為加點冰塊或幾滴純水，反而比較順口。

加蘇打水的目的，主要是讓威士忌香氣層次被大幅度拉開來，因為很多雪莉桶威士忌的味道濃縮，這樣濃縮的味道會讓你覺得，Amazing！濃醇香！以至於喝不出來它的某些缺點，因為所有風味很集中，但是當你加了蘇打水、把風味放大之後，每個風味層次都很清楚，包括其中的雜味、某些不好的味道，可能喝起來「髒髒的」，有些卻不會，這能反映出酒款的某些個性。舉個例子：格蘭傑酒廠用長頸鹿的蒸餾器，有三層樓高，加上沸騰球、細長的天鵝頸，向上斜的林恩臂，專門蒸餾出最乾淨、最細緻的威士忌，然後花費10年放在波本橡木桶熟成，你說，這樣的酒款是不是適合加蘇打水做成Highball？超棒！就算它的整個層次拉開來了，你仍會覺得，香草歸香草、海綿蛋糕歸海綿蛋糕、青草調歸青草調，整體喝起來很棒、沒有擾人的雜味。因為所謂的雜味，在蒸餾時已透過高聳的蒸餾器在複雜的銅對話過程被消除掉了，所以很適合做成Highball。但是，雪莉桶威士忌做成Highball不一定就不好喝，有些雪莉桶的濃醇香風味一旦釋放開來，會有滿滿的巧克力甜味，反倒不覺得它髒髒的，因此主要是看酒本身的層次拉開來之後，會呈現什麼樣的風味。品飲時，不妨試著先加點水，先了解這支酒的層次拉開之後是什麼樣的風格，再決定它是不是適合拿來做成Highball。

簡言之，乾淨且簡單層次的威士忌更適合做Highball，所以，越年輕的威士忌越適合做Highball。因為相對來說，它比較單純，一旦被釋放出來，你反而會驚豔於它很清楚的風味。如果是高年份、風味過分複雜、用桶甚深的，加了蘇打水之後，你可能會發現怎麼有苦味跑出來了？或是黑巧克力跟百香果的味道在打架，藍莓的味道跟葡萄酒的味道彼此搶戲，讓人覺得味道太複雜了，整個杯子裡像臭水溝水一樣，根本喝不下去。但是乾淨、簡單的年輕酒款，喝起來如同Crystal Clear，最適合拿來做Highball。

Q8 哪種威士忌適合加薑汁汽水？

A 你知道，我們把Ginger的味道歸類在威士忌風味輪的哪個區塊嗎？薑的味道被歸類在Spices，就是辛香料。胡椒味、肉桂、豆蔻、薑等，這些味道都屬於辛香料味，是威士忌蘊含的獨特氣味。如果你喝到的威士忌能感受到獨樹一幟的辛香料味，那樣的酒款就是可以拿來加薑汁汽水，調成Highball的喝法。它會有加乘作用，那種帶著辛香料的氣味用來搭配食物，更是相得益彰。

加了蘇打水的Highball，會讓你的酒變得更清爽怡人，夏天喝一定超棒、清清涼涼的，最好在家裡養一盆綠薄荷，摘下薄荷嫩葉，放在手掌心上輕輕拍打，讓空氣中瀰漫著薄荷的味道，再裝飾在Highball杯上面。

隱約具有辛香料風味的雪莉桶威士忌或許更適合加薑汁汽水，甚至能拿來一邊吃飯一邊喝，還會讓食物變得更好吃，甚至泡麵也可以拿來搭配，

因為泡麵調味料裡有很多胡椒類的辛香料，調性很合。對我來說，加蘇打水的Highball是炎炎夏日的理想飲品，略帶甜味的薑汁汽水加入有辛香料威士忌的Highball，則是拿來搭餐的。

Q9 我們平常純飲，或做Highball、做調酒，有建議的品飲順序嗎？無論是去Bar或在家喝，都可以輕鬆享受的方式。

A其實，我們許多喝酒的習慣被新手推廣的流程制約了。法國人到全世界各地推廣葡萄酒的時候，遇到大部分不懂得喝葡萄酒的小白，於是就開始教大家開始搖杯子、看掛杯、聞香、喝它。我們懵懂無知地開始喝葡萄酒，喝了20年，仍然停留在用最基礎理解的流程來喝葡萄酒是很可惜的，因為法國人教的只是一個Show，為了易於推廣而被簡化的觀念和表演，要把這個Show教給不懂得品飲的我們，但是，當我們懂了之後，不應停留在簡化的認知喝葡萄酒。事實上，喝酒從來沒有「順序」這件事，搖杯子也不是必要行為，總是搖頭晃腦看酒液在杯中的掛杯也有點裝腔作勢，這些引導我們入門的手段，千萬別成了品飲迷思。如果有位初學者以茫然眼神問我喝威士忌的順序，我會建議他先從清爽的再慢慢地喝到濃郁的……但是！誰說不能第一杯就喝艾雷島呢？Why not？這就是一種制約。

部分初學者一開始從清爽喝到濃郁，從低地區喝到艾雷島區，從年輕的酒喝到老酒，從低酒精度喝到高酒精度，這方式起初是可以的，但5年、10年、20年過去了，仍然把這個說法奉為圭臬，就成了止步不前。我有個朋友吃日本料理吃了30年，前幾年他為了朝聖，去日本一嚐壽司之神

——小野二郎的握壽司，那次他被驚嚇到。因為他一直認為吃壽司就要先吃白肉魚，再吃紅肉魚，要從淡雅的再吃到濃郁的，但是壽司之神卻不這麼認為，一上板前，就先給你一貫黑鮪魚大腹，吃完再換白肉魚，後續上了清淡口味的壽司，怎麼來個回馬槍，重新上了一貫重口味的？一開始他很驚嚇，心想：「啊！原來這就是壽司之神嗎？他腦子是不是壞了？壽司怎麼亂捏亂上？」正因為是壽司之神，他有自己的節奏，每一貫握壽司自有其韻律，那個韻律跟他手上遞給你的握壽司是合一的，品嚐者應該把我們過去認知的、長期制約的所有成見全部放下，安靜地聆聽壽司之神在我們面前演奏用握壽司譜出的交響樂，而不是滿腦子都是初學者時建構到現在的僵化價值觀，然後自以為是地評價他人壽司的對錯。我看到很多坊間喝威士忌的人也是這樣，一直以來用初學者的價值觀到處評價製酒大師的作品，卻不清楚最應當做的事情是「放下既有成見」。

初學者先從淡到濃、從輕到重，慢慢適應威士忌的美是合宜的，但是對於已經進入威士忌殿堂的人來說，放下執念才是最重要的功課，別讓執念限制了自己可以涉獵的寬廣度，用開放的心態體驗各種風味。你想喝什麼就喝什麼，怎麼會有標準呢？怎麼會有正確答案呢？喝完艾雷島的泥煤味，再回過頭來喝低地區的，真的感受不出味道嗎？大家去威士忌酒展，如果第一攤喝的是泥煤味威士忌，後面就不能再喝了嗎？就喝不出風味來嗎？事實上是可以的，所以真的沒有那麼嚴格，自由一點，在威士忌的世界裡，不要被自己限制住了。

Q10 老師正在規劃自己的酒廠，您有希望酒廠的作品嘗試不一樣的過桶嗎？

A 這些年來，越來越多的蘇格蘭威士忌酒廠已經把換桶熟成做成一系列的產品。20年前，有些酒廠積極實驗用不同風味的橡木桶來熟成的時候，人們還把過桶這件事當作洪水猛獸，還在質疑它的美麗，質疑它是不是過度的化妝？現在，人們不只已經接受它，而且幾乎所有的蘇格蘭酒廠都已跟進，如今各家都擁有換桶熟成的作品了。可以想像的是，未來的5～10年之內，就不會有人再問要不要做換桶熟成的威士忌了，因為大部分的酒廠很可能會嘗試每種過桶的方式，而過桶這件事是整個產業發展的方向，未來想必百花齊放。所以我會盡可能嘗試各種不同的橡木桶、換桶熟成，以及多元的橡木桶窖藏，讓酒窖管理成為非常重要的一環。

Q11 建構中的新酒廠，首批的用桶策略已經決定了嗎？

A 我會先從既有的人脈著手，我是法國葡萄酒產區的騎士，應該會蒐羅法國不同產區、不同葡萄品種的橡木桶，像是布根地、波爾多、西南法、香檳區等，包括貴腐甜白酒。在澳洲葡萄酒業，我也有熟識的人，新世界葡萄酒的風格特色也會反映在橡木桶當中。同時，我也是法國的雅瑪邑白蘭地的火槍手勳章得主，用白蘭地的橡木桶拿來陳年威士忌，在這幾年也十分風行。當然，正統的蘇格蘭威士忌使用來自美國的白橡木波本桶、以及來自於西班牙的紅橡木雪莉桶，甚至大家熟知的波特桶、馬德拉桶、瑪莎拉桶，蘭姆酒桶，我們都會盡力取得，進而實驗在這塊土地上熟成出來的氣味樣貌。甚至陳千浩老師於在地酒莊做出來的埔桃酒所使用的橡木桶，更記錄了台灣特殊風土的橡木桶，這也一定要嘗試的。

我們定位自己是一家小型的精品酒廠。因此，我們跟蘇格蘭中大型的威士忌酒廠不一樣，所有蘇格蘭威士忌酒廠起初的使命跟任務，是充當調和威士忌的基底，後來隨著市場演進，他們才發展出單一麥芽威士忌，因此每家蘇格蘭威士忌酒廠在本質上背負了產量壓力，具有酒廠特色的單一麥芽威士忌多半是少量釋出。但我想做一家能生產具有個性的單一麥芽威士忌酒廠，不只是橡木桶，我希望從原料就開始實驗，比方尋找台灣在地契作的大麥、裸麥，嘗試用各種不同酵母、不同發酵時間的長短。我們訂製的銅製蒸餾器，可以替換不同型式的天鵝頸，甚至是採用不同冷凝法，我們也會實驗取不同的酒心，在單一家酒廠中創造出非單一的風格。

在蘇格蘭的大部分酒廠只傳承一種風格，因為酒廠設定是扮演調和威士忌的基底，根據以往的歷史傳承，只要專心做好一種味道就好，其他味道是酒廠與酒廠之間彼此換桶而來，所以在蘇格蘭的酒廠只要做好自己的風格，集團可以透過交換得到別家酒廠不同風格的威士忌。蘇格蘭可以，但日本不能，所以日本三得利集團讓山崎酒廠做出超過六十種以上的原酒，換言之，一家酒廠可以做出蘇格蘭六十家酒廠的風味，這也是日本威士忌強大的原因之一。我認為這樣的觀念很好，很適合精品酒廠的運作。所以未來我們也會鑽研多種麥芽新酒的嘗試，在一家酒廠中創造出多元風格和價值。

台灣的風土特色已經透過噶瑪蘭酒廠和南投酒廠證明了，我們的風土條件跟蘇格蘭不一樣、熟成速率不一樣、熟成的曲線不一樣，所以由蘇格蘭威士忌所認定的熟成價值，對台灣生產的威士忌不一定適用，也不一定合理。目前為止，對我個人而言，噶瑪蘭跟南投酒廠仍屬於年輕的酒廠，還在跟本地的風土磨合，還在尋找台灣威士忌中那絕佳的平衡點，我們應該要重新定義專屬於亞熱帶獨一無二的熟成曲線，架構出屬於這塊土地才能熟成出來的美感經驗。這些源自本地更多精品酒廠的實驗，用符合主流的蘇格蘭威士忌價值的製程，但在觀念上卻顛覆守舊的想法，走向威士忌的新世界。

Q12 世界上或在蘇格蘭有一些復甦中的酒廠，觸碰這些新酒廠時，要有什麼心理準備才不會太超出意料之外？

A 新酒廠剛開始釋出都是年輕的酒，一定沒辦法像你平常習慣的威士忌風格，它們多半用桶較淡，新酒味較重，不像老酒廠基本款都是10年或12年起跳，所以無法拿過去的經驗來判斷新酒廠。其實，早期的蘇格蘭威士忌都很年輕，這些年來，因為新興的亞洲市場非常看重酒的顏色、酒的價錢、酒的年份，所以市場上就出現越來越多滿足市場的老酒，也讓大家慢慢覺得威士忌老才是好，卻在不知不覺中，把那些稀有的老威士忌變成是一種金融貨幣。

但是，在過去的蘇格蘭一直都是喝比較年輕的酒，對於當地人來說，好的威士忌是麥芽新酒跟橡木桶之間取得完美平衡。透明的麥芽新酒記錄了一家酒廠的製程手段、蒸餾器長相，還有酒廠想要傳承的風味，這些味道是很在地的。橡木桶來自西班牙、葡萄牙、美國、法國、加勒比海，通通不是在地的，你想想，蘇格蘭威士忌的製酒者會對消費者驕傲地說蘇格蘭的威士忌之所以好喝，是因為橡木桶來自其他國家，並且認為用很厚重的橡木桶氣味壓抑掉屬於蘇格蘭在地麥芽新酒的特色嗎？肯定不會吧。如果一味追求年份高、追求顏色深，年份高的昂貴酒款，你就會發現你喝到的，多半不是蘇格蘭人心目中的威士忌。

蘇格蘭有一百多家威士忌酒廠，每一家酒廠剛蒸餾出來的麥芽新酒味道都不同，橡木桶陳年後，酒液顏色深淺也不一樣，沒錯～就應該不一樣，因為它們各有自己的平衡、各自的風味，這樣多元的美麗本就是我們期待的。但一般消費者很容易掉進迷思之中，認為：「哎呀，你看這瓶酒顏色這麼淡，不行啦，給我雪莉桶，顏色深的才好。」或是：「哎呀～這酒年份太輕，一定不好喝。」造成大家擠破頭搶特定品牌或特定類型的威士忌，失去了認識威士忌世界多元而美好的機會。

想認識新酒廠，第一件要拋下的事情，就是對橡木桶的執念，一家新酒廠剛陳放了3年的威士忌就裝瓶讓你嘗試，這時我們要很清楚知道，不是喝它在橡木桶陳年多久，而是喝它麥芽新酒的特色，接觸新酒廠威士忌時反而是一種「歸零訓練」。另一個要克服的就是價格迷思，你不能說這家新酒廠只有陳年3年，就一定要便宜賣給你，沒辦法，因為產量少，多半也不會賣得很便宜。所以執著於價格高、顏色深、年份高，然後品牌大才是好酒的人，多半沒有辦法進入新酒廠的世界。

Q13 反過來説，我們更有機會從新酒廠去了解威士忌，比方學習風土，對嗎？

A 是的，威士忌愛好者都要練習學會用Google搜尋。比如你提到的雷神Raasay單一麥芽威士忌酒廠，把Raasay Distillery這關鍵字放上Google，就會發現網路資訊非常多，圖文都有，你可以看到酒廠座落何處、蒸餾器長什麼樣子，甚至可以進入whisky.com搜尋這家酒廠，進而得知它們的發酵時間、蒸餾方式、蒸餾器大小、產量多寡，是不是使用蟲桶冷凝等。這些在網路上不僅都能查到，而且每家蘇格蘭酒廠的資訊全部公開透明，無論是whisky.com 或是 scotchwhisky.com 都可以，只要在Google搜尋任一家蒸餾廠的英文名字，通常前面幾頁就可以看到whisky.com 或是 scotchwhisky.com，點進去就知道那家酒廠製程的所有詳細資訊。

蘇格蘭威士忌酒廠的風味傳承與透明的麥芽新酒息息相關，記錄的是酒廠的地理位置？是靠海？靠山？還是靠北方傳承了維京人的血統？是它的蒸餾器長相？是它的發酵時間？還是取的酒心？都是。以人為諭，麥芽新酒就像是自己出生的家庭，而雪莉橡木桶就像是你後天的學經歷。蘇格蘭人不藏私，把威士忌的所有細節放上網路任人查找，學會查詢這些開放的資訊，這樣新酒廠威士忌喝起來才有意思，否則搞到後來號稱喝了一輩子，卻只認得大摩和麥卡倫。

Q14 有哪些國家或地區的新酒廠，是老師特別期待的？除了前文提問的低地區以外。

A 這幾年，美國威士忌表現非常棒。之前美國波本威士忌被限定在百分之百全新橡木桶的制度中，全新橡木桶強烈的味道讓不同酒之間的差異性變得模糊。後來有些酒廠拋棄了標示波本威士忌Bourbon Whiskey的限制，寧可標示美國威士忌American Whiskey，他們選用各式的二手橡木桶，讓用桶更自由，喝起來完全不會輸蘇格蘭威士忌。另外，在愛爾蘭的威士忌酒業不僅快速發展，更充滿著創新思維，從過去的三家酒廠增至數十家新酒廠。同樣地，日本威士忌酒廠也已經從前幾年的七家，快速擴增至百家以上。中國大陸的威士忌酒廠也如雨後春筍般地出現，甚至有些是國際烈酒集團的投資。前陣子我到深圳參加國際威士忌雜誌邀請的活動，發現大陸的威士忌產業已經開始進行垂直整合，當時除了新酒廠的人，我還認識了木桶廠的人、酵母菌廠的人，整個威士忌產業鏈迅速建構得比台灣還完整。長白山的緯度跟北海道一樣，那裡生產的蒙古櫟木與水楢木是堂兄弟的亞種關係，有類似的風味，早就製成威士忌橡木桶賣到歐洲去了。例如瑞典酒廠 High Coast 就有蒙古櫟橡木桶，全世界已經很多酒廠在用了，包括蘇格蘭也在使用蒙古櫟木了。在歐洲的許多國家也生產威士忌，但因為成本較高、定價高，而且他們有自己的想法，有時候不會和主流的蘇格蘭風味一致，也不一定會迅速得到新興市場的認同。這幾年，澳洲威士忌也滿受到矚目，結合澳洲葡萄酒業所釋出的葡萄酒桶拿來陳年威士忌，風味獨樹一幟。

在威士忌市場有兩個相左又同時並行的概念——傳承和創新。傳承讓威士忌擁有百年歷史的底蘊，但在1980年代的蘇格蘭威士忌市場缺乏創

新，正是當地酒業衰落的原因。但是過分創新的威士忌酒廠的風味往往太過新穎，人們不太能接受，寧可擁抱老味道。一樣的，傳承與創新同樣需要平衡。

　　假設台灣人很驕傲地把自以為創新的味道放進威士忌中，例如：有著高粱風味的威士忌，可能行銷到全世界嗎？我聽過不少人跟我提過這個念頭。高粱酒和威士忌在風味上最大的差別除了桶味之外，主要在於麴味。但目前，只有台灣和中國大陸市場對於麴味有特別的偏好，連香港、馬來西亞、新加坡、日本、韓國都很少人會喝高粱酒。噶瑪蘭酒廠跟南投酒廠的酒可以賣到全世界，是因為它們的製程和風味幾乎拷貝了蘇格蘭精神，日本威士忌也是，當他們已經立足於國際上，便開始嘗試加入些許在地特色風味，像是荔枝桶、桂花桶、黑后葡萄酒桶、花雕桶等。

北歐的瑞典高岸 High Coast 單一麥芽威士忌在國際上之所以知名，是因為他們很尊重蘇格蘭威士忌主流的味道。它的製酒者 Roger 是位非常狂熱的愛好者，他百分之百遵照蘇格蘭威士忌的做法，融合在地的人文，把瑞典橡木也弄進去，製作了連蘇格蘭都沒有的各種尺寸的橡木桶，實驗性很強。它們可以行銷到全世界，有一部分就在於他們仍然使用主流的威士忌價值思維，不是活在自己世界裡面的奇思妙想。早期台灣開放民營酒廠，突然間開了許多農莊酒廠，製作桑葚酒、鳳梨酒、芋頭酒啊，賣給來拜訪附近鄉鎮的觀光客，要鼓勵他們行銷到全世界，這是很有難度的。我曾受邀到在地農莊酒廠授課，協助他們建立品牌，看看是不是能行銷到國際上，但有些事情必須從根本解決，從一開始就需要立足在正確的道路上，才能加入自己在地的特色。日本威士忌能站上世界舞台正是此道理，瑞典威士忌、印度威士忌、台灣威士忌、澳洲威士忌、紐西蘭威士忌皆是如此。

Q15 有些長期喝威士忌的朋友會討論協會酒，我個人覺得喝協會酒是有門檻的，想請老師談談這部分，以及喝到什麼程度的威咖適合嘗試協會酒？

A 談協會酒之前，先說明一下什麼是協會酒。威士忌主要分成兩個區塊，OB 和 IB。OB（Official Bottling）就是原廠裝的威士忌；IB（Independent Bottler）是獨立裝瓶商，獨立裝瓶商跟原廠買了酒，放上自己的品牌叫 IB，舉例來說，麥卡倫原廠裝瓶是 OB，協會酒裝瓶的麥卡倫是 IB。協會酒它的正式名稱是 SMWS，Scotch Malt Whisky Society，它扮演的其實就是一家獨立裝瓶商品牌，並不是什麼官方協會，除了 SMWS

之外，Gordon&MacPhail 也是裝瓶商，市面上還有許多獨立裝瓶商的品牌可以選擇。

如果只是偶而跟朋友喝喝酒啊，在路邊攤、快炒店吃飯，順便喝喝威士忌，加點冰塊、調點可樂或綠茶，純喝也可以，朋友帶什麼酒就喝什麼，哪種酒便宜就買什麼，就不要想太多，調和威士忌、單一麥芽威士忌、OB、IB 都可以喝，像這樣的場合不用花太多時間認識威士忌，威士忌入肚了，身體一熱，感覺都差不多。

🍷 如果你想成為不一樣的威咖，可以這麼喝

但如果你的感官敏銳，不小心可以喝出不同威士忌味道的差異性，不僅如此，你的味蕾竟然還記得住單一麥芽威士忌酒廠的特色味道，還有首席調酒師的個人調配風格，恭喜你！你發現了自己的超能力。這時候，喝威士忌開始變得不一樣了，變成一種覺醒的快樂，而不是買醉的悲傷。你的嗅覺與味覺對事物產生了分辨力，讓你在下班之後可以跟朋友一起交流、組一個威士忌小社團，召集更多人一起加入，甚至參加一些威士忌的專業酒展，探索更多精彩、有趣、豐富的內容。甚至覺得，啊～喝了這麼多威士忌，怎麼記住這些美好的風味？我要如何整理這些味覺記憶？當你有感受力的時候，你就會發現味覺思緒也是需要整理的，如果不整理的話，容易迷茫、人云亦云，別人說這個便宜就買這個，別人說這個流行就買這個，最後變成韭菜，練習在自己的味覺領域中整理出一套屬於你自己的邏輯很重要。

有些人會聰明地把威士忌變成投資工具，在威士忌的世界中撈出一些物超所值的酒款，甚至是一些明日之星，撈出一些你不小心沒喝完，竟然還漲價，搞不好還能賺錢的商品。要在威士忌的世界中挖出點東西來，並發現威士忌實在太有意思了，都立基於你要先喝出點學問來，否則怎麼整理自己的味覺邏輯？

想要建立味覺邏輯，就要先喝單一麥芽威士忌，因為單一麥芽威士忌清楚地記錄了每家酒廠的風格，先把每家酒廠的特色風格弄清楚，而且要喝每家酒廠的基本款，因為基本款才是人們認知一家酒廠風格的標準，也是首席調酒師花最多心力維持品質一致的裝瓶。放下對價格和年份的迷思，放下對基本款的蔑視，基本款才是你入門威士忌世界的敲門磚，如果只喝最貴的限量款，永遠搞不懂威士忌的酒廠風格。

接著，下一步進階，開始喝調和威士忌，可能會發現，咦～好像跟你想得不一樣。調和威士忌不是我們年輕拚酒時的東西嗎？單一麥芽威士忌才比較高級吧？怎麼入門喝單一麥芽威士忌，而進階才開始喝調和威士忌呢？當你了解每家單一麥芽威士忌酒廠的風格與特色時，才能了解到，原來調和威士忌的學問更深，要把許多單一麥芽威士忌融合在一起，再加上許多單一穀類威士忌一起調配成調和威士忌，從中找到美麗又有個性的平衡，而且還要受到市場歡迎，讓每個人都愛它，都願意花錢買它、喝它，這樣的技術屬不屬害？這時候就會明白調和工藝在威士忌產業中有多麼重要了。

回到你問的協會酒，那麼IB獨立裝瓶商的威士忌什麼時候喝？獨立裝瓶商的威士忌有些特點，第一，他們多半是小批次裝瓶，甚至是單一桶裝瓶；第二，他們常常會選擇不添加焦糖調色、非冷凝過濾，甚至不添加一滴水

的原汁原味原桶強度裝瓶;第三,在獨立裝瓶商中,可以找到許多不知名的酒廠裝瓶,那些酒廠或許是隱藏在調和威士忌的羽翼之下,能見度低,又或是已經關廠的酒廠,喝一瓶少一瓶;第四,在獨立裝瓶商手中的知名酒廠多半可以找到獨特的品項,例如在OB都是雪莉桶風味的麥卡倫裡找到IB的波本桶風味麥卡倫,在OB主要是波本桶風味的卡爾里拉裡找到雪莉桶風味的卡爾里拉。

　　所以,當你希望你手上的威士忌不是一般人都能懂的威士忌時,這時正是喝IB的時候了,當你覺得一般威士忌40度的酒精濃度不能滿足你火熱的心,非得要50、60度的高酒精濃度才能滿足你的味蕾,IB正張開手臂歡迎你。當你厭膩了怎麼老是喝大摩、百富、麥卡倫,極其渴望新血加入你的味覺領域時,比方新酒廠、新風格、新體驗、新刺激,這時候IB正親切地召喚你。所以,不用刻意推坑喝IB,當你到了需要它的時候,沒人能阻止你,你會連滾帶爬衝過去擁抱它。當你的朋友不需要它的時候,你推坑他,他還會嫌棄你這瓶絕版逸品原桶強度的單一桶威士忌又辣又難喝,這麼難喝的酒,簡直不當他是好朋友,讓你哭笑不得～

請問執杯大師！
懂葡萄酒也愛威士忌的品牌老闆
C小姐

Q1 想了解威士忌的風土，若不是從原料來看，我們應該從蒸餾製程來看，還是從窖藏環境去感受它的風土？

A 在威士忌的世界有兩派，一派是覺得威士忌沒有風土，另外一派是覺得威士忌有風土，我是屬於認同威士忌有風土的那一派。

之前常有機會到法國的葡萄酒莊園，也認識幾位莊園老闆，那些非常厲害的釀酒師們多半都有個共同特徵，他們都很謙虛地說：「其實我們沒做什麼，我們只是努力完成老天爺的設定，讓這塊土地的葡萄發揮它本來應當發揮出來的樣子。」但我覺得，千萬不要把這些話當真，哈～我認為這樣的說法是過謙了，事實上釀酒師們需要非常努力地把酒做好，不過，這樣謙虛的說法是對葡萄酒風土條件有著充分的肯定。

風土條件包含「天、地、人」這三要素，然而，葡萄酒釀酒大師們過分

謙卑，使得我們誤以為風土條件中只有天跟地，忽略了「人文」這個重要的因素，比如葡萄品種、年份、土壤、陽光、降雨量、坡度、排水性，這些與天地有關的訊息被書寫在葡萄酒的介紹中，然而人為的釀造技術，植基於那塊土地的人們對好酒的審美觀，其中包括製酒的觀念、釀造的技術、用桶的比例、熟成的平衡，這些在風土之上，與老天爺所賜予的一樣重要。

談論威士忌的風土時，我個人認為「人」的比重相對來說是比較高的，它一樣有天、地、人，一樣有大麥的品種、水源的特質、酒窖的儲存環境，是自然和環境對威士忌風味的影響。而風土條件中「人」的部分，除了影響每一家酒廠獨一無二的製程設定，還包含了首席調酒師、酒廠經理在選酒以及調和的過程當中，將個人的品味和思想透過威士忌傳遞出來，擁有百年歷史的蘇格蘭酒廠在威士忌的背後，還有屬於那塊土地的歷史傳承，以及過去酒廠裡職人們的共同意志。

我們常談到的歷史傳承包含好幾個部分，舉個例子，蘇格蘭最北方有個島嶼叫做奧克尼島（Orkney），這座島嶼目前為止仍然有三分之一的島民有著北方維京人的血統，承襲豪邁的風格作祟，他們對於美好威士忌風味的想像更加粗獷奔放。於是，我們就能理解，低地區的花香調、高地區的礦石感、斯貝賽區的果香調，以及島嶼區獨特的煙燻味，皆其來有自。在蘇格蘭這塊土地上，越北方的人文越粗獷，而這些文化的細微差異展現在人們的生活中，出現在飲食文化中，同時也滲進了威士忌當中，酒廠就透過威士忌將這些潛藏在文化中的細節傳承下來。

我有時會開玩笑，台南人蓋的酒廠，做出來威士忌會比較甜一點。一方

水土一方人，人們的品味和喜好也是影響製酒技術的關鍵因素之一。所以，為什麼有人覺得印度威士忌當中有咖哩味？我去拜訪印度酒廠時，發現當地人早中晚宵夜都在吃大量辛香料的食物，就連認識的印度朋友身上都能聞到咖哩味，那是他們熟悉的氣味，因此對他們來說，威士忌當中有這樣的味道是好味道，也是理所當然的味道。

若以這樣的概念來看台灣威士忌的話，生活在水果寶島的台灣人，平常接觸到的果香是如此濃醇香，我們對此早已習以為常，難怪噶瑪蘭威士忌做出來的果香味也多半是濃醇香的表現。

Q2
在法國，有個 Michel Couvreur 牌子的威士忌，它從原料、橡木桶、陳年以及挑酒的人都來自於不同的背景人文，我們在理解威士忌的風土時，可以從人的角度來看嗎？

A
我認為是的，風味的主導者很重要。因為裝瓶商來自法國，就會帶入法國人對威士忌的審美價值觀。我喝過很多法國的威士忌味道都偏淡雅，你不覺得嗎？不管是法國人自己做的威士忌，或是法國人選酒的蘇格蘭威士忌，往往不會選擇下那麼重的雪莉桶，對他們來說，好的威士忌喝起來是比較優雅的、細緻的，比較沒有酒精味的。甚至於，我不認為他們對蘇格蘭人偏愛的煙燻味這件事情那麼感興趣，當然他們可能會在某些特殊威士忌裡面，做出帶有煙燻味的調性，但是他們不會像蘇格蘭人對煙燻味著重的比例那麼高，因為蘇格蘭人基本上就是 Highlander，血液中流淌著高地人的性格，所以他們喜歡的味道就是很壯大與遼闊的，而法國人的喜好是優雅的，這部分與民族性很有關係。

Q3
威士忌也有分新、舊世界嗎？

A
從全世界的觀點來看，是有的。美國人在1920年代頒發了禁酒令，這件事改寫了全世界的威士忌版圖。在禁酒令之前，全世界最重要的威士忌產區是愛爾蘭，愛爾蘭人會做三次蒸餾，如果你喝傳統的愛爾蘭威士忌像Jameson或是Bushmills，你會發現他們不用煙燻泥煤炭來燻烤麥芽，反倒使用三次蒸餾製作出偏向淡雅、細緻、易於入口的威士忌類型，跟蘇格蘭威士忌的粗獷濃郁、強烈有個性相比，是極大的差異化。後來，

愛爾蘭因為獨立戰爭和美國的禁酒令，失去了英國和美國兩個最重要的市場，聲勢整個下來了，才轉變成蘇格蘭主導全世界威士忌的風格導向。目前全世界威士忌的新興產區是以蘇格蘭威士忌的風格為導向，現在不是美國威士忌決定全世界威士忌的品味，也不是愛爾蘭或加拿大，而日本是拷貝蘇格蘭威士忌的風格，現今就是蘇格蘭威士忌的風格獨領風騷，是最當紅的。以至於後來發展出來的新產區，像是印度，台灣，或是瑞典、荷蘭、澳洲等威士忌生產國，他們使用的蒸餾器型式、二次蒸餾的工序、橡木桶儲存，基本觀念都源自於蘇格蘭，與目前的主流風味是相契合的。在製程上，或許談不上新舊世界的強烈差異性，但是新世界的威士忌產區確實解放了緯度的桎梏，而緯度造就的風土條件影響橡木桶的熟成甚鉅，影響風味的表現也甚鉅，跳脫了緯度限制的威士忌產區正迎向百花齊放的大爆發年代。

Q4 在葡萄酒的領域中，自然酒正受到重視，酒品強調果實本身的味道，威士忌也有這樣的趨勢嗎？

A 有的，我相信ESG這件事情已經在歐洲發酵了。過去30年我喝威士忌的時候，幾乎沒有人在討論威士忌用的大麥是來自於哪個國家；以前我研究威士忌的時候，蘇格蘭威士忌產業的大麥有90%來自境外，像是北歐、澳洲、英格蘭，很少來自於蘇格蘭當地，但現在這個狀況慢慢改變了，開始有越來越多酒廠說，他們使用的大麥是本土的（local barley），甚至還有一些舊的大麥品種的復興。

過去蘇格蘭威士忌產業對優質大麥品種的定義是「出酒率」，就是每公噸的麥芽可以生產出多少酒精。酒精的產量大代表它是好的大麥，其實沒有

太多人在討論風味的事情。但這些年來，有越來越多酒廠開始實驗不同的大麥品種，放下酒精產出率這件事，更多人開始討論風土了。

Q5 威士忌搭餐時，主要著重在入口的甜韻、香氣層次，還是契合度？

A 我們先談一下蒸餾酒（威士忌）跟釀製酒（葡萄酒）的差異性。在葡萄酒當中，「酸」是很重要的，酸味造就了尾韻，因此需要從尾韻搭菜的平衡去著墨，但是蒸餾酒的威士忌沒有果實酒那麼高比例的酸度，加上酒精濃度高，個性非常強烈，在餐搭的過程當中，它總是很容易欺負別人，許多食物在強悍的威士忌面前被碾爆，完全無法抬頭，除非那食物本身的個性非常強烈。20年前，還沒有太多人討論威士忌餐搭，威士忌多半是放在餐後，跟白蘭地一起搭配甜點或奶油酥餅，然後來根雪茄做餐後的結尾。後來，威士忌在數年間成為顯學，餐桌上很容易見到它的蹤影，人們就開始思索餐搭這件事情。

我前陣子去了趟愛丁堡，有人介紹我一家在愛丁堡號稱威士忌餐搭最厲害的餐廳，點菜之後，發現他們出的每一杯餐搭用威士忌都是純飲，但是以我自己的經驗，喜歡威士忌的消費者和用餐的消費者是不一樣的，不是每個人都能純飲高酒精濃度的威士忌，更不用說搭餐去感受它的風味了。我寫過兩本威士忌餐搭的書，也跟國外專門寫威士忌餐搭的女性大師們聊到餐搭，我們是用「風味與風味搭配」的觀念來彼此融合，至於酒精濃度高，可以藉由調整溫度、加水、加冰塊、添加蘇打水，這對於一般用餐的人來說會有更好的適口性。

以我個人經驗來說，風味與風味搭配有三個主要方式。第一個方式就是
「鶼鰈情深」，你泥中有我、我泥中有你。如果食物裡有薑、胡椒的風味，
或是醬油的發酵味，很明顯就知道這道料理比較適合雪莉桶，胡椒味或薑
的辛香料味道常出現在歐洲橡木雪莉桶當中，一旦找到了威士忌和食物風
味同樣的特徵，那就容易融合了，這是第一種餐搭法。

第二種方式是「君臣輔佐」，在這種狀況下，食物是扮演君的角色，而
酒要扮演臣，萬萬不能喧賓奪主。我們常看見有些人帶了比那一餐還昂貴
許多的酒，昂貴的酒多半個性強烈、濃郁無比，或許它是非常好的酒，但
拿來搭餐往往主從不分，到底誰搭誰，搞不清楚。日本知名的葡萄酒漫畫
《神之雫（神の雫）》曾提及，夏布利白酒和生蠔的搭配正是經典，初階的
夏布利白酒擁有礦石味，不進橡木桶熟成，清爽易飲，拿來搭生蠔的海味
恰到好處；而昂貴的夏布利特級園白酒，會放進橡木桶熟成出奶油味，那
厚實飽滿的口味反而與生蠔爭寵，不利搭配。所以，君臣輔佐之道不是貴
的酒就好，也不是濃的就好，德配其位的最好。

私心推薦幾個「君臣輔佐」享用威士忌的方式，我喜歡將威士忌加入蘇
打水，有一支威士忌是日本威士忌——白州Hakasu，加入蘇打水後，可
以清楚感受到它有青蘋果的味道、像是檸檬的香氣，還有森林感、Crispy
的感覺，不管是拿來搭生蠔、魚類、蝦類、螃蟹等海鮮食材都很好。如果
是雪莉桶風格的威士忌，我會加一點Ginger Ale（薑汁汽水）來強化薑的
味道，拿來搭配東坡肉、酸菜白肉鍋，或者是比較濃郁氣味的醬燒豬肝之
類的菜，會非常合適。

第三種餐搭法是雙雄爭霸，有點像劉邦跟項羽的關係。劉邦跟項羽不是

君臣，他們倆是楚漢相爭，兩人個性不一樣，劉邦善謀、願意卑躬屈膝，身段非常柔軟，而項羽暴虎馮河、勇猛善鬥、寧死不屈，個性南轅北轍的兩人共同形塑出一個偉大的時代。食物與酒之間，也有機會雙雄並起，但這樣的餐搭不容易，因為兩者的個性都十分強烈，互不相讓也互不相合，但卻能搭出讓人感覺到轟轟烈烈的味蕾體驗。威士忌是個性鮮明的飲品，因此要找到和它不分伯仲、平分秋色的食物，比如海味特別強烈的生蠔，搭配有正露丸風味的艾雷島煙燻泥煤味威士忌，兩強在一起簡直完美。葡萄酒也是，燻人欲醉的臭豆腐或藍乳酪不易搭餐，但許多人覺得與太甜太膩的法國蘇甸區貴腐酒碰撞在一起，就會有很好的對話，這對我來說就是楚漢相爭。

用以上三種不同的風味融合方式來思考餐搭，還可以從中找到以威士忌入菜的方式或小技巧，像早期把白蘭地淋在牛肉上，然後直接點火炙燒的做法，換成威士忌來試看看；或直接製作成醬汁搭配，還能製成香氛，像香水般輕輕噴灑在食物上，創造出另一種餐搭之美。

Q6 在台灣很流行電子醒酒器，除了醒葡萄酒，也有很多人拿來醒威士忌，威士忌需要醒酒嗎？

A 如果從教科書理論來看，威士忌是不需要醒酒的。我問過幾位威士忌首席調酒師和威士忌品酒大師，問他們認為開瓶後什麼時間點最符合心目中威士忌的風味？他們的答案都一樣，當開瓶的那一霎那，就是調酒師心目中表現那支酒風味的最佳時刻。但我個人認為這樣的說法太官方、太蘇格蘭，因為回答我的都是蘇格蘭人。在我們以往喝酒的經驗中，威士忌的確是需要醒酒的，葡萄酒的醒酒或許是 3 ～ 5 個小時內，但威士忌的醒酒有時候長達 3 個月，甚至是半年的時間。

　　我曾經遇到一支格蘭花格 105，它是 105 Proof，換算酒精濃度是 60%。相信很多人都有這樣的經驗，剛打開高酒精濃度的威士忌來喝，會覺得難喝，但當你把它封好再放回酒櫃裡，放三個月或半年後再打開來喝，風味的變化甚至讓人以為它變成另一支酒了，這就是威士忌的醒酒。威士忌裝瓶後，酒液仍然進行著四種變化：氧化、蒸散、水合與酯化，這四個作用在瓶中緩慢地進行，若把瓶蓋打開來，蒸散、氧化的作用會更強烈，水合是氫鍵的融合，當你把一瓶威士忌擺到酒櫃裡，放了三年後再打開來喝，喝起來就是順！因為水合作用讓酒精味降低了。相反地，如果你

不想要那麼順口，想要喝起來嗆辣一點，比較有男子氣概，很簡單，抓起酒瓶用力搖晃，讓氫鍵斷開，喝起來就會感覺酒精味比較重，入口有比較辣的感受。

　　我多半建議威士忌品飲者，不要在家裡放一整箱同樣的威士忌，一瓶酒開了就馬上喝完，那是酒鬼的做法。真正的品飲者，家裡面應該有五十支、一百支，像我家裡開過的威士忌超過兩百支，都不急著喝完，因為開過的威士忌會隨著時間變化，而它變化的速度不像葡萄酒那麼快，若你開了一瓶威士忌但不喜歡它的味道，不妨封好然後放著，等下一次品飲時，或許就變好喝了。威士忌醒酒時間非常長，不斷在變化，鍛鍊一下自己的耐性，會得到更多品飲樂趣。

補充一下開瓶後的儲存方式，讓酒瓶保持直立不要橫放，放在陰涼處、別曬到太陽即可，相較於葡萄酒來說，威士忌很強壯，它一點都不瘦弱，不用擔心。

Q7 威士忌品飲者討論風味時，也像葡萄酒一樣，會有前中後味的描述嗎？

A 肯定的，香水有，葡萄酒有，茶也有，威士忌肯定也有。我覺得那不只是喝葡萄酒的觀念，而是一種品香的觀念跟技巧。因為香氣的分子量有大有小，香氣重量可分成輕、中、重，先聞到飄出來的香氣是比較輕的，多半帶著花香調，那樣的氣味幽微，轉瞬即逝；中味比較厚實，有著各式的水果調性、辛香料，甚至拿來比擬大地氣味的菌菇味；最後出來的後味，則有比較多的木質調、皮革味以及酒精的味道。如果你品飲時，沒把杯子搖晃得太厲害，那麼比較容易分出來前中後的味道，當你用力搖晃杯子，氣味上下翻騰，每一層的味道就不太明顯了，比較分不出來。品飲威士忌時，我並不鼓勵大家搖杯，但如果你的鼻子真的聞不到味道，可將杯子稍稍搖一下，將香氣擴散開來。

Q8 如何建立和培養品飲威士忌的敏銳度？

A 衷心建議「多喝，不要喝多」，這是理性飲酒的品飲哲學。許多說自己不能喝酒的人，多半是他們剛開始接觸威士忌時有不太好的體驗，因此拒絕再接觸。許多覺得威士忌很辣的人，多半是沒有被正確的引導入門，試過幾次之後，就再也沒試過，所以他們的威士忌之旅就停留在一開始的記憶，而且帶領他們且讓他們決定永遠不要再碰酒的人，多半是很不懂酒的人，用的方式可能是拼酒，或是強迫乾杯的方式，停留在不好的回憶，以至於他們一直沒有辦法認識威士忌的豐富與美好。的確，不是每個人都能一下子在超過40度的酒精濃度中，找到讓自己悠遊自在的方式。如果你覺得辣，可以試著加點水、加冰塊、加蘇打水，找到屬於自己的威士忌甜蜜點，這部分是沒有人可以幫你的。這個世界真正的好東西，是不會讓人一下子就理解的，你一定要花時間認識它，慢慢理解它。那些世人能一眼就看透的好東西，反觀自省，憑什麼輪到我們身上？

我自己也經歷過威士忌入門的階段，我讀大學時就在學校旁邊開了酒吧，剛開始我也不覺得威士忌特別好喝，那時候反倒覺得長島冰茶比較好喝。長島冰茶是一種雞尾酒，把可樂、檸檬汁以及許多不同種的烈酒混在一起，因為可樂很甜，年輕不懂事的時候特別嗜甜，越甜越感興趣，喝酒像是喝可樂一樣，順口易飲，當時的我認為威士忌不是風味，只是酒精，那時純飲威士忌，感受到最多的是酒精感，更不用說破解威士忌風味的秘密了。

一路喝喝喝的過程中，我也沒有覺得特別喜歡威士忌，反而會把威士忌

做成威士忌可樂、威士忌蘇打、威士忌騷兒。突然某一天，味蕾覺醒了！像是從一片混沌的睡眠中甦醒了，我的舌頭可以感受到讓人開心和可以被描述的許多味道，那個覺醒的當下感受難以言喻，一旦覺醒後，自己就會知道，從那時候，很多東西都喝得出來，葡萄酒喝得出來，威士忌喝得出來，喝得出來這些東西隱藏的細節，就像是頓悟一樣。

我們探索的是威士忌風味，不是酒精，練習多喝但不喝多，喝醉鍛鍊的是肝功能，不是味蕾，幫自己在家裡準備「很多不一樣的威士忌」，而不是「很多威士忌」，不要把酒量鍛鍊得太好，每一次只喝一點點，好讓自己多喝一些不一樣的威士忌。在家喝，不妨準備多個杯子，一次多倒幾杯出來比較風味，鍛鍊自己辨別其中的差異性。假設每個月買六支威士忌，一年就有七十二支，三年就有近兩百多支不同的威士忌，慢慢分辨它們的味道，如此能開拓的絕對不是酒量，而是味覺經驗，這樣長期累積的經驗對咖啡、葡萄酒、美食，甚至是生活中運用嗅覺和味覺的感受能力都很有幫助。

Q9 在葡萄酒的世界，大家訓練味覺時會用盲品的方式，威士忌也可以盲品？

A 當然，不過盲品基本上是對於味覺已經覺醒的人才有意義，你才喝得出細節，不然盲品真的是瞎喝，多喝才能累積經驗和感覺，等你的味覺覺醒了，盲品才有意義。威士忌同樣是可以盲品的，特別是單一麥芽威士忌，因為單一麥芽威士忌當中的 Single 指的是單一酒廠，而每家酒廠製程的差異性會讓酒款的氣味很容易分辨，這時候盲品就是一種很好的自我鍛鍊。

Q10 您認為喝威士忌最好的溫度是？

A 有一次去蘇格蘭的時候，那天剛好零下1°C，白天天氣很好，晚上吃完飯後所有人都睡著了，那天我有時差，就一個人拿著雪茄到戶外去抽，因為當時的蘇格蘭已經不能在室內抽煙。我穿著蘇格蘭人特別幫我們準備的像是風衣一樣的Smoke Jacket，到院子外面點燃雪茄，眼前飄著鵝毛細雪，抖著手，抽著雪茄、喝口威士忌。竟然發現在零下氣溫的環境裡，威士忌喝起來特別好喝，完全不辣口，那細膩的、甜蜜的油酯在口腔中流動，酒液有些微的黏稠感，感覺超棒，就像是含著蜜糖一樣好喝，又沒有任何酒精味。雖然一邊喝一邊發抖，但那仍是個美好的經驗。

回到台灣，一年之中炎熱的時候居多，整個酒精感容易隨著環境溫度蒸散開來，口感張揚，刺激感也比較重，純喝似乎是比較有壓力的，我會建議大家加點冰塊和蘇打水來品飲威士忌。

回到你的提問，品飲威士忌最適合的溫度是幾度？法國人教我們喝葡萄酒的時候，會順便告訴我們這支葡萄酒的適飲溫度是多少才是正確的。不過，蘇格蘭人是Highlander，他們擁有自由的靈魂，如同他們做的威士忌一樣，是不想被侷限住的，所以零下的寒冷環境也可以，25°C以上的常溫環境也可以，換個方式喝它，一樣地自由自在。

Q11 喝雪莉桶威士忌有果乾味、波本桶威士忌有新鮮水果味，請問威士忌裡的果味來源是什麼？原料、蒸餾，還是桶子？

A 我們在品飲的時候，總是理所當然地描述威士忌的水果風味，像是水蜜桃、芒果、百香果、芭樂、柳橙、鳳梨等。有一次，我遇到一位初學者鼓起勇氣舉手問說：「請問老師，這支威士忌裡加這麼多水果，是在哪一個製程加進去的？」真的，我不開玩笑，很多人會這樣理解，而且大部分的人其實不好意思提問。

我喜歡南投酒廠的Omar，他們的酒款有非常迷人的茶香味，我一直覺得那是優雅地記錄了屬於台灣在地的風土特色，連酒廠的人都不知道Omar威士忌的茶香味是怎麼來的，因為他們所有的製程跟蘇格蘭一模一樣，一樣只用麥芽、酵母菌、水，這三種原料來製作威士忌，製程同樣經過糖化、發酵、蒸餾，然後將蒸餾後的酒心放入橡木桶當中熟成，靜候時間的洗禮。就這樣子，明明所有的製程都一模一樣，為什麼Omar威士忌中會跑出台灣獨特的茶香味？千萬別誤會Omar是不是茶高粱？或是茶威士忌？在威士忌裡面泡茶葉，把茶香泡進威士忌當中？沒有，肯定沒有的。

所以妳問我那些果香味怎麼來的？哈～絕對不是加水果進去的，威士忌當中美好的味道都是在製程中產生的，透過陳年轉化出的美好風味。一開始發酵製作出原料轉化的氣味，蒸餾是把發酵出來的味道，透過萃取，截取製酒者想要的味道，然後再放到橡木桶當中與時間對話。

果乾的味道主要來自於雪莉桶，而新鮮水果的味道則在透明的麥芽新酒裡，是許多精彩的新鮮水果風味、豐富酯類的氣味，你會發現有水蜜桃、

芭樂、柳橙的味道等，隨著酒液在橡木桶當中熟成，這些味道會越來越豐富，越陳越精彩。

Q12 威士忌不會用新桶嗎？一定是陳年過某些酒的橡木桶再來桶陳威士忌？

A 蘇格蘭威士忌產業很少使用全新橡木桶，他們認為過重的木質單寧會傷害蒸餾後那細緻的麥芽新酒，而且過重的橡木桶味也會壓抑掉一家酒廠的麥芽新酒的風格，所以使用二手橡木桶是蘇格蘭威士忌產業的選擇。這就是為什麼我們常說有些消費者習慣性追求顏色太深的威士忌，基本上是不太正確的觀念，是需要調整的。那些裝過雪莉酒的雪莉桶、裝過波本酒的波本桶，都是二手桶。為什麼他們不用新桶？這些年，蘇格蘭威士忌產業使用了少量的新桶來熟成威士忌，大多是用在短時間的換桶熟成當中，也不希望新桶過重的氣味成為威士忌風味的主軸。

而美國人跟蘇格蘭人對威士忌的看法恰恰相反，美國人認為橡木桶就像是立頓紅茶的茶包一樣，泡第一次味道最濃、顏色最深、味道最好，所以美國人只用全新橡木桶，用完一次就不用第二次了。蘇格蘭人想的不一樣，蘇格蘭人說我們非常謝謝美國人，幫我們把那種有很多新鮮的、辛辣刺激的木頭味用波本酒洗乾淨了，我們再把桶子拿來放細緻優雅的麥芽新酒，因此蘇格蘭的麥芽新酒氣味豐富而有層次，不需要那麼多桶子的味道，用二手桶最適合蘇格蘭威士忌長時間熟成了。

關於美國人和蘇格蘭人對威士忌不一樣的看法，我們不能說誰是誰非，

但可以確定的是，蘇格蘭威士忌當中最有價值是每一家酒廠獨一無二的風格，當你用了過重的桶子，可能把原來酒廠傳承百年歷史的氣味都壓掉了，那不如去喝波本威士忌好了，反而比較符合喜歡重口味的價值觀。

Q13 以前討論白蘭地、干邑白蘭地或是其他酒，都會提到新桶程度，威士忌是完全不一樣的概念嗎？

A法國人做酒就像藝術家一樣，我之前去拜訪路易十三，對於他們蒸餾生命之水的態度、使用橡木桶熟成的方式，佩服得五體投地。蘇格蘭威士忌充滿個性，給你足夠的自由做選擇；干邑白蘭地不一樣，製酒者追求他們心目中的極致，每一批來自不同地塊收成的葡萄，擁有自己獨一無二最適合的蒸餾酒心，放進橡木桶之後，在新桶裡待兩三年便將酒取出來，跟蘇格蘭威士忌一樣，怕放太久會導致橡木桶的味道太多，取出來換到二手桶裡，隔兩三年後再取出來，換到三手舊桶中，一路換桶一路陳年，桶子越換越舊，干邑白蘭地越接近成熟。何時換桶？何時裝瓶？一切都由首席調酒大師依經驗發現箇中平衡。

我曾經在調酒大師的陪同下進入路易十三的庫藏做桶邊試飲，它使用的橡木桶都超過100年了。路易十三的橡木桶有特別的儲放之處，為了濕度控制，只能放在二樓的空間，這些百年的橡木桶還用著過去時代的箍桶方式，每一只橡木桶上都插著酒精計度器，路易十三取最珍貴的酒液調配完成之後，再重新把酒裝回100年的空桶中。百年老桶其實已經不會給酒液增加更多木質調的味道了，重新裝回桶中，只是為了讓它繼續在有毛細孔的橡木桶中呼吸，繼續做代謝的動作，慢慢用時間把不安的狂野代謝掉。

那酒桶上的酒精計度器旁還有一個小黑板，上面寫著41.3、41.5，標示每一只橡木桶中的酒精濃度，直到酒精濃度降到40度時，才會拿出來注入水晶瓶中。所以路易十三號稱沒有加任何一滴水，這是真的，一般威士忌的40度是加水調出來，而路易十三的40度則是用時間陳年出來的。

請問執杯大師！
喜歡威士忌的酒線記者
C先生

Q1 對於剛接觸威士忌的人來說，您認為從純飲或是餐搭的形式入門較佳？

A 這是個好問題，我認為，餐搭屬於比較進階的方式。當我們還不認識威士忌，對於眾多風味也不熟悉時，怎麼會知道如何跟餐點搭配呢？所以，應該先認識威士忌，多了解威士忌風味的變化，才能夠找到適合酒品的餐搭。

但有趣的是，餐桌卻往往是我們最容易認識威士忌的地方。大多數人認識威士忌都是在用餐場合，杯觥交錯間就把酒喝完了，而且，配著食物喝比較自由自在，在開心的氣氛之下，酒喝起來彷彿不那麼辣口，這和嚴肅地品嚐一支威士忌，是截然不同的感受。嚴格來說，這樣不算是「餐搭」，此時喝酒是「助興」而不是「助餐」。在台灣，我們面對威士忌與食物之間的關係，往往拿來「助興」居多，國外的「餐搭」則著重於酒食之間的風味

搭配，讓味覺感受有「一加一大於二」的效果，讓人開始思考如何把酒跟食物搭配起來，讓風味更加卓越，進而成為一種學問，這兩種是完全不同的邏輯。

　　若把威士忌當作一種文化來看待的話，多半可以循序漸進地學習，會分成幾個階段。第一個階段，我們不會馬上認識到威士忌的本質，而是先接觸表面，所以一開始喝威士忌，可能因為它是流行風潮，可能是它與高端人士的形象連結在一起，或是它與你認同的社會價值產生關連。你會發現，媒體行銷和廣告告訴你這支酒跟英國皇室有關，擁有上百年的傳承，是歷史上知名人士的最愛，找時尚工藝大師設計瓶身。換言之，起初我們喝到的多半是行銷術語，為什麼很多人對行銷術語很反感，因為喝了一段時間後竟發現，原來我花錢買到的都是行銷術語！這之中有著作用力與反作用力，行銷是必要手段，但物極必反，但這往往是我們踏進新領域的方式，威士忌亦然。人們多半會從知名品牌下手，我們會買名牌，也會買廣告宣傳砸最多預算的威士忌，買那些你覺得名人或老闆長官們會喝的品牌。

　　後來驚覺，單純品牌的行銷無法滿足你，因為發現幾乎每個威士忌品牌都有悠久的歷史，都有美好的傳承、精湛的技術，除了威士忌風格彼此間有所不同，每一支風味好像都很不錯，都值得去探索了解，當你領悟到此時，品味的世界彷彿開了另一扇窗，進入一個開闊的威士忌新世界，那裡有更多你過去不熟悉的威士忌可以探索，有更多迷人的風味可以認識，此時方才進入第二個階段，從追逐品牌進入了「知識性品飲」。

　　這時候的你會重新思考過去的習以為常，反省過去認為威士忌好壞對錯

的價值，到底什麼才是真正好的風味？或者什麼才是適合自己的風味？當然，也有部分的人沉浸在所謂的可口可樂建構的世界裡。據說，軟性氣泡飲料的兩大巨頭可口可樂和百事可樂為了搶佔全球市場，每次進入新市場時，會不計一切代價對人們的味蕾洗腦，進而喜愛他們設定的飲料風味且不可自拔，從中建立起「正確性」，當其他同類型飲料較晚進入市場時，人們下意識地被正確風味的暗示影響，自然排斥新的飲料風味，而選擇自己熟悉的味道，這樣他們就能持續稱霸市場。

如果我們能跨過商人的洗腦，進入第二個階段，也就是「知識性品飲」

的話，你就會開始研究造成威士忌風味的更多細節，包括一家酒廠的蒸餾器尺寸的大小、天鵝頸的長短、蒸餾器腹部是否有沸騰球、林恩臂向上或向下斜，是否裝置了淨化器讓酒液回流，管殼式冷凝還是蟲桶冷凝，長發酵或是短發酵，快速蒸餾還是慢速蒸餾……，這些製程上的種種配置形塑出一家酒廠威士忌的風味特色，是迥異於其他酒廠獨一無二的氣味。又或者，你會研究起這家酒廠特別專注於雪莉橡木桶，所以它們的威士忌有很多葡萄乾和巧克力的風味，或是擅長使用波本橡木桶，感受到威士忌的香草調和新鮮熱帶水果的風味格外迷人。

於是，你就會發現，WOW！越發掘越有樂趣，覺得威士忌知識深似海，讓你不再停滯於表層來看待，而是深入到威士忌的底蘊之中。原來，人們所說「傳承百年」的價值，是在於他們面對蒸餾器的形式、發酵時間的長短，或是使用橡木桶的品質，百年來堅持高品質而不改變，更逐漸發現過去那些聽來討人厭的「行銷術語」，在開啟知識性品飲的大門後，它突然有了意義，而那些意義引導你了解威士忌的風味是怎麼來的，一切都有跡可循了，而我們面對威士忌的態度，也從裝懂瞎喝轉變成懂行的聰明選擇。

不過，不一定每一個人都要進入第二階段，易經說：「有得必有失，有進必有退，得失等同觀。」有些朋友反應，不就喝威士忌，為什麼要把喝酒搞得如此艱澀無聊？能和朋友們開心喝，幾杯黃湯下肚，一切煩惱皆拋九霄雲外，這才是喝酒的目的啊，竟然還要一邊研究它複雜的身世？

不是每個人都必須當研究酒的老學究，喝酒應當是生活中的一部分，所以喝著喝著，了解威士忌終究要進入第三階段，就是和自己的生活聯繫在一起，吃飯喝酒，喝酒吃飯。表面上看起來，喝酒好像退回去一剛開始的

方式了，但又和剛開始截然不同，這是不是就像以前哲學家說的：「見山是山、見山不是山、見山又是山？」從追逐品牌，到知識性品飲，最後重新回到生活、回到餐桌上。歐洲的葡萄酒歷史源遠流長，因為喝葡萄酒這件事進入了歐洲人的餐桌，已經和每天的生活融合在一起了，喝葡萄酒即是日常。同樣的，最高深的威士忌學問，最終要回歸到餐桌，畢竟威士忌還是要在餐桌上解決掉的，是要和朋友們一起喝掉的。但是，在餐桌上要怎樣解決，從起初乾杯「助興」，到後來當我們吃不同食物時，能思量搭配不同的威士忌，箇中風味的加乘能讓一成不變的生活更豐富多采。所以「餐搭」對威士忌來說是門更深奧的學問，存在於我們的飲食生活中，這是我目前整理出初學者進入威士忌世界後各個階段的樣貌。

Q2　若威士忌品飲走過三階段，後續有第四個階段嗎？

A　對我來說是有的。進入第四階段的我們，會由「受」轉「施」，學習開始給予和分享，從接收者轉而成為創造者。這麼多年來，我們是不是能從既有的威士忌知識中創造出一些不同的新東西？屬於我們自己的東西？植基於這塊土地的東西？台灣能否做出不一樣的威士忌？獨特的亞熱帶氣候做出來的威士忌是否有它獨特的風味呢？威士忌風味創作是否還有其他的可能性？威士忌是不是只能放在橡木桶裡熟成？當我們開啟許多不同的想法並付諸執行，就變成了一個Creater（創造者），這就是我自己認為屬於威士忌的第四個階段。當然，不是每個人都要進入第四個階段。目前的我，不只是想傳遞威士忌觀念與知識，對於創作開始有自己的新想法，所以正在籌備屬於個人品牌的酒廠。

Q3 威士忌初學者該從「單一麥芽」或「調和式」威士忌入門？

A 調和式威士忌其實是比較進階的，將麥芽威士忌與穀類威士忌調和在一起，是更複雜的調配技術，因此傳遞出來的風味必定更複雜。最早的蘇格蘭威士忌應該是單一麥芽威士忌，意指「單一家酒廠所生產的麥芽威士忌」，它記錄了該酒廠的特色和風格，包括風土、人文、蒸餾器的樣式，以及製程細節。過去在蘇格蘭約有一百四十多家酒廠，每家酒廠風格都獨一無二，製作調和式威士忌最重要的是首席調酒師，他必須把各具特色的威士忌調配在一起，而且是使用不同原料的威士忌，包括麥芽威士忌和穀類威士忌，將其和諧地融合為一。

在威士忌發展的歷史當中，原本麥芽威士忌只是蘇格蘭人的地酒，本身就有個性且獨特，如此強烈性格的麥芽威士忌，加入了溫柔細緻、去除稜角的穀類威士忌，變得親切又順口，搖身一變成為全球歡迎的調和威士忌，這就是首席調酒師們的調配技術，更是種藝術。調和威士忌的特質是能受到大眾喜愛的威士忌，和堅持酒廠獨特個性的單一麥芽威士忌相當不一樣，它們一個平易近人，另一個則強調獨一無二。哪個比較好入門？我個人認為，越有個性的威士忌越容易入門，越沒有個性的，雖然你很容易愛上它，卻不容易理解它，所以理解調和式威士忌的人比較少，但是天天喝它，即便你喜歡喝它，卻無法說出調配的厲害之處。

舉個例子，雅柏Ardbeg這支單一麥芽威士忌，有太多東西可以講了，它有很嗆、很衝的個性，泥煤味很強，像是消毒水、正露丸的味道，喝了一口就像臉上被打了一拳，愛它的人跟恨它的人一樣多。你有沒有喝過麥

卡倫Macallan的單一麥芽威士忌？馥郁、飽滿、豐富的葡萄乾風格，揉合了巧克力、可可、咖啡的濃醇香麥芽香味，一喝就緊緊包覆你的口腔。單一麥芽威士忌展現的就是如此強烈的風格，很容易跟每個品飲者本身的個性對應上，所以人們很容易理解單一麥芽威士忌的特色，但卻很難理解調和式威士忌的特色，因為它太過於「與每個人友好」，擁有許多「社交技巧」，總是表現得「八面玲瓏」，喝它的人都說順口好入喉，然而，這是一種困難的調配技巧。

所以，對於威士忌入門者的建議，我個人認為從調和式威士忌下手是很好的，不過這並不代表調和威士忌沒有學問，當你想要認識更多關於威士忌風味的來源、文化的深度，就去喝單一麥芽威士忌，認識一支酒源自於蘇格蘭北方的奧克尼群島，島上有三分之一的人的血統是北方維京人，從中感受威士忌風格的狂野；也能了解低地區的風格為何那麼細膩，還帶有一點花香調，明白當初愛爾蘭人從南方將三次蒸餾的方法傳遞到蘇格蘭時，他們最早接觸低地區，這也是細膩花香調的來由。威士忌所有的味道都其來有自，都被記錄在單一麥芽威士忌酒廠的歷史裡。

當我們更深入研究威士忌的創作內涵和藝術性時，就會想進一步認識「人」，也就是首席調酒師。去年到倫敦參加David Stewart就職60週年的退休典禮，品飲他用60年功力調配出來的威士忌，深刻理解到人是威士忌的靈魂。首席調酒師的工作就像是一名指揮家，如同小澤征爾或是卡拉揚這樣的人。紐約愛樂在卡拉揚接手之前，是福特萬格勒擔任指揮，兩個人的風格截然不同，卡拉揚有王者氣勢，福特萬格勒比較溫和內斂。有一天，卡拉揚在指揮樂團練習時，老福特從後面走進來，在觀眾席坐下來，想聽聽看老團員們如何地接受卡拉揚的指揮，甫一坐下，團員們的演奏

忽然全轉變成福特萬格勒的風格，因為他們看到老福特走進來了。很有趣吧？同樣的，在威士忌之中，人的因素跟交響樂指揮一樣重要。這就是威士忌的調和藝術，調和是很有深度的、很進階的學問，但往往我們取得它時卻很理所當然，以至於忘了它存在的重要性和難度。當首席調酒師的工藝內化進威士忌當中，我們隨著品飲，也融進自己的品味生活當中，這就是我最喜歡威士忌的地方。

Q4 純飲威士忌時，ISO杯是否為最佳選項？適合餐搭的杯型又是什麼樣的？

A 首先，我們先不要定義杯型的好壞與否。舉個例子，前幾年製作紅露酒的宜蘭酒廠在100週年慶時找我擔任顧問，協助他們開發品飲器具。我覺得很有意思，因為傳統中式的飲酒法，喜歡讓酒的香氣發散到空氣當中，所以傳統中式飲酒的杯子、器皿模樣是開放式的，像個碟子般，是廣口的形制，甚至加進薑絲、話梅，透過加熱的動作把香氣散到空氣當中，香傳千里，讓酒香獨樂樂不如眾樂樂。我們熟悉的快炒店也一樣，大老遠就能聞到鑊香，讓人飢腸轆轆、聞香下馬，忍不住多點幾道菜。所以東方傳統對於酒香的認知是外放的、是充塞在整個空間的，然而西方人不是這樣思考，他們對於香氣的認知是需要收斂和集中的，所以你會發現葡萄酒杯是橢圓形，好將香氣收斂起來。

當你把葡萄酒倒進杯子裡，酒香集中，就得用適當的傾角和些微搖晃，把集中起來的香氣送進鼻腔裡，藉此感受葡萄酒要表達什麼樣的風味，這是東方與西方不同的聞香觀念。但其實葡萄酒也可以透過加熱，或用開放式的杯子，讓葡萄酒的香氣散發到空氣跟環境當中。所以，兩種不同的思維方式，造就我們使用不同杯子，威士忌也一樣。今天，如果你要品飲的威士忌是「奇文共欣賞」、「大塊假我以文章」的態度，就能用外展的杯型，不需要聚香，它本身的設計就是讓香氣飄散出去。而用ISO杯，是為了聚香，讓香氣在杯子當中繚繞，不會太快逸散掉，當你舉起聞香杯時，香氣聚集進入鼻腔，就可以嗅聞到酒裡蘊藏的香氣。

我從來不會建議大家吃飯喝威士忌時一定要使用ISO杯，什麼杯子都可以，畢竟跟朋友吃飯「開心」是最重要的事情。但是當你一個人在家，想好好地認識一支威士忌，ISO杯就是最好的選擇。

Q5 保存威士忌時，環境溫濕度、擺放是否會影響到品飲感受？

A所有酒品保存的觀念都很類似，因為它們都存放在玻璃瓶裡、使用軟木塞，外在環境的觀念是比較接近的，都不應該放在過分炎熱的地方，也不適合置於零下溫度的環境。大多數葡萄酒採取橫放保存仍是主流思維，但威士忌適合直放，因為它的酒精濃度非常高，若長時間橫放，軟木塞浸泡在高酒精濃度的威士忌當中，會萃取過多軟木塞的味道，你不會希望你的威士忌存放了十幾、二十年後，打開來都是軟木塞味道。即使是直放，瓶中的威士忌仍有適度的蒸散作用，會讓軟木塞維持在固定濕度；但是當外在環境過份乾燥時，還是有軟木塞脆化的問題，多半的威士忌老酒都會出現軟木塞斷塞的狀況。老實說，根據科學家研究，不只是威士忌，包括葡萄酒、旋轉瓶蓋screw cap更適合長時間的保存，但你用screw cap的時候，消費者先入為主認為使用旋轉瓶蓋的酒看起來比較廉價，寧可買軟木塞的，感覺比較高級。所以到目前為止，仍然沒有辦法把軟木塞剔除，高級酒還是用軟木塞，只有便宜的酒用screw cap，但事實上，如果沒有人為撞擊和破壞，screw cap的保存狀況會比軟木塞更好。人們對於軟木塞還是有迷思，其實很多新世界的國家已經把某些高級酒改換成非軟木塞的酒塞了。

有些朋友問我，光照對威士忌有影響嗎？葡萄酒和威士忌都會受到光照的影響，但是葡萄酒的酒精濃度只有10幾度，而且它是純粹的發酵酒，它比較脆弱些；而威士忌是蒸餾酒，酒精濃度在40度以上，相對來說比較強壯，影響幅度小一些，但仍會被影響，需避開有強烈光照的環境存放。

Q6 有些朋友說，喝威士忌會引發頭痛，即便是知名品牌也會，您覺得原因為何？

A 威士忌蘊含的風味很多，哪個風味會造成頭痛，對每個人來說是不一樣的情況。所以有些人特別會獨鍾某些品牌，因為喝起來比較順、不會頭痛，某些品牌喝了就是會頭痛。我有次被邀請去演講，邀請方是零售酒類的業者，希望我特別跟銷售團隊談談關於頭痛的事情，因為他們說喝了某品牌的酒就會頭痛，但是他們的老闆已經買了很多該品牌的威士忌，十分困擾，希望我來跟他們解釋這件事。這麼說好了，頭痛這件事不僅很個人，而且更有趣的是，同一支酒，今天喝了頭不痛，某一天喝了頭痛，但這支酒並沒有變。面對一支沒有變的酒，這個人喝了不頭痛，那個人喝了頭會痛，甚至是同一個人現在喝了頭會痛，隔天喝就不會頭痛，問題在於什麼？變因在哪裡？是人，而不是酒。最大的問題，從來就不是酒，問題來自於人，可是大家都不想反省「人」，只想反省「酒」。每個人的身體狀況每天都不一樣，你可能昨天宿醉、喝太多了，今天喝一點就頭痛；或者你有些感冒、身體不舒服，所以喝了覺得頭痛。威士忌並不會針對特定的人士進行攻擊，它反而忠實地反映出每個人當下的狀態。

除了頭痛的問題，有些威士忌愛好者還會問我「苦味」，這也是我們在分

析不同酒品風味時，常出現的一個提問。葡萄酒有時出現苦味，因為它是發酵酒，包括葡萄梗、葡萄皮、葡萄籽裡的單寧，發酵後進行簡單過濾，接著裝瓶，農作物大部分原始的風味留在葡萄酒裡，所以在葡萄酒裡喝到苦味，或許是比較合理的。威士忌是蒸餾酒，蒸餾出透明的麥芽新酒，再放到橡木桶當中熟成出琥珀般的顏色，基本上威士忌應該沒有苦味。我跟許多國外的威士忌大師聊過苦味這件事，他們都回答我同樣答案：「威士忌沒有刻意製造或保留苦味，所以這件事不在我們思考的範圍內。」但明明不只一位威士忌愛好者曾感受到明顯的苦味。有沒有發現，這和喝威士忌覺得頭痛是一樣的問題，大家都會想：這支威士忌哪裡出了問題？卻沒有人想，是不是自己的身體狀態造成苦味感受？或是自己的味蕾，原本就對於苦味特別敏感？我認識的、絕大多數的人，會對於酒精產生甜味感受，但有些人的確對於酒精產生苦味感受，但有時候不一定完全來自於酒本身，或許從自己身上探察，反而更容易找到答案。

Q7 威士忌的風味輪有著「黑醋栗」、「接骨木花」、「石楠花蜜」等詞彙，對於初學者來說相當陌生，是否有更易懂的學習系統？

A 我覺得這是個非常大的問題，甚至關乎「生命哲學」，而不只是體驗的問題。我們活在世上，不知不覺就變成了某種樣子的人，最終活成了自己最討厭的樣子，但有時候卻不是我們所能控制的。有些人在生活中遇到陌生人事物時，總是抱有赤子之心，充滿了探索的熱情和慾望，一邊探究一邊覺得「太有意思了！」；也有些人活到了某個年紀之後，就開始拒絕新東西，只要是陌生的人事物都不感興趣，這兩種「生命哲學」慢慢地形成了不同的人格特質。如此面對生命的態度，不只影響品飲威士忌，

也影響飲食、娛樂、食衣住行的喜好，甚至影響到交友方式，幾乎是全面性的影響。

　　喝到我們沒有經歷過的氣味該怎麼辦？是選擇親近它，或遠離它？我曾經遇到不少人，只要是他過去生命經驗以外的東西，都覺得不好，進而抗拒、批判、不感興趣，彷彿那些東西是外來的侵略者。可是也有人面對陌生的事物，他們總是說「WOW！太有意思了，我怎麼現在才認識它呢？」然後急急忙忙地擁抱它。許多人會形容艾雷島的泥煤味有正露丸的味道，一部分人對它興致昂然，也有人一聞到這個味道，就希望「永遠不要再進入我的生命」，所以我覺得面對陌生氣味是一種「生命哲學」。習慣Say No的人可能會停留在某種特定風味當中悠遊自在，其他風味都是他們無法認可的，因此也不用過分勉強他們進入威士忌無比廣大的世界，每個人在自己的世界裡開心就很好。威士忌的心胸氣度非常廣大，願意接納各種不同的人進到它的世界。

　　威士忌有太多我們難以捉摸的風味，比如發麥過程產生的煙燻味、混濁糖化時產生的核果味、緩慢發酵超過80個小時造成的果香味、慢速蒸餾累積出的花香調、蟲桶冷凝降低銅對話導致產生特殊的硫味。這些味道與好壞無關，硫味會出現在溫泉裡，若出現在威士忌當中呢？喜不喜歡因人而異，但是太有意思了。誰說味道有好跟壞呢？就像是我們覺得臭豆腐很香，外國人卻覺得臭得不得了；外國人覺得Blue Cheese很好吃，我們卻覺得「這是什麼壞掉的東西」。威士忌的世界裡根本沒有絕對的對與錯，而是充滿了超乎我們生命經驗的味道。

　　回到你的提問，我們該怎麼理解、描述威士忌的味道？威士忌畢竟是從

國外發展的酒品,外國人品飲威士忌時,肯定用自己的味蕾經驗來描述味道,當我們閱讀或傳遞資訊時,會直接把國外的大師或專家們的用詞翻譯過來,而出現接骨木花、黑醋栗、聖誕蛋糕等語彙,但是亞洲國家的耶誕節並沒有吃耶誕蛋糕的習慣,就連火雞都很少吃。但我們不需要為此陌生的語彙感到挫折,形容氣味的語彙依據生活經驗可以不一樣,比方形容雪莉桶的味道,我會用「榨菜肉絲」「酸菜白肉鍋」,或是「梅干扣肉」,像這些比較接近我們飲食生活的詞彙來形容。

或許因為威士忌是外來的,我們不好意思用自己在地的語言來形容。其實,紹興酒的味道跟雪莉酒的味道有點接近,有一種叫做Amontillado的雪莉酒在入喉尾韻的回甘當中,會出現類似九份芋圓的味道。當威士忌放

在Amontillado的橡木桶裡熟成，那樣的味道也會被熟成進去，我就曾經多次用九份芋圓的味道來形容雪莉桶的風味。或許我們可以花一點時間，上網搜尋購買接骨木花，或買接骨木糖漿來嗅聞看看，或者花幾萬元買一套「酒鼻子」來鍛鍊自己，了解西方人描述的氣味到底是怎麼一回事。但我個人更傾向於逛花市、菜市場時更留心每種花、每種蔬菜水果的氣味，更認真地吃酸菜白肉鍋跟梅干扣肉，在生活中覺察你過去不經意錯過的氣味，然後用自己生命經驗的語言來描述風味。我們會用西方的接骨木花和石楠花蜜來描述噶瑪蘭威士忌嗎？肯定不會的，一定是用台灣人習慣的語言來描述，可能是紅心芭樂、烏梅、龍眼蜜、鴨賞之類的，至於如何翻譯紅心芭樂？讓外國人自己擔心就好了。

與我們過往生命經驗越有關連的事物，就越容易感動我們，所以威士忌品飲者應當要練習的，是用威士忌連結我們自己生命的經驗，而不是拘泥於「石楠花蜜」。我們明明有龍眼蜜、百花蜜、荔枝蜜，為什麼一定要用「石楠花蜜」呢？有一次我去建國花市，遇到專門賣蜂蜜的攤位，看到有罐蜂蜜賣特別貴，上面寫著「冬蜜」，老闆說這個有檀香味，我拿了一點來試，果真是滿滿的檀香味、木質調，甜度較低，尾韻回甘，它的甜味非常高雅、深沉，和我在蘇格蘭品嚐到的「石楠花蜜」非常相似。當下，我問了有養蜂的老闆何謂「冬蜜」，他說養蜂場到了冬天，所有的花兒都謝了，蜜蜂沒有花可以採，但附近正好種了「厚皮香樹」，冬季時的樹上長了嫩芽，冒出的枝芽上會分泌一種蜜汁，蜜蜂採擷蜜汁後回到蜂巢，而形成「冬蜜」，就是源自厚皮香樹的蜜汁，產量非常地少。

所以，為了品嚐出威士忌的真義，我們不妨反過來探索自己的生命，讓威士忌的品飲跟我們生活中小細節的探索融合在一起。多年前，我跟許多

愛好威士忌的朋友們分享過，喝威士忌不是為了買醉，威士忌可以協助我們「五感覺醒」，為了喝懂威士忌，為了喝出威士忌的風味，為此，我們可以更關心生活的所有細節和各種氣味，更關注自己嗅覺與味覺的感受，你會發現，以前嚐不出來的味道，現在慢慢可以品嚐到；以前不曾留心生活周遭的氣味，現在竟然隨時能覺察到，不知不覺中，感官的覺醒也讓我們的生命越來越豐富了。

Q8 以往參加品飲會時，會提及加水或加冰的品飲變化，箇中樂趣與不同之處是什麼？

A加水與加冰是不一樣的，先談加水。我們的身體不是質譜分析儀，我們的舌頭也不是測試器，喝了威士忌後，我們無法像電腦一樣搭搭搭……表列出所有氣味。甚至，每個人的味覺能感受到的層次也不大一樣，但是我們喝威士忌時，還是會想要分析出手中的這一杯有哪些特殊味道，於是，我們只好動手幫威士忌加工，如此能更容易分析出其中的差異。在威士忌中加幾滴水，是讓原來威士忌緊密的香氣分子鬆弛開來。換言之，味蕾可以更輕易地感受到不同層次的風味，所以不管是40度、43度、46度、50度、60度，不同酒精濃度的威士忌都好，我認為只要你喝不出威士忌其中的風味，都要嘗試加水，加水的目的就是讓風味的層次釋放開來。至於加多少水，每個人的舌頭不一樣，每一支威士忌特色不一樣，因此沒有辦法給一個標準答案。我自己問過蘇格蘭不同的首席調酒師，他們每個人給我的答案也都不一樣。然而加水，確實是一個必要的學習，特別是當你要深入認識一支酒的時候，加水是非常必要的動作，藉此找到自己味覺獨一無二的甜蜜點。

如果今天你喝酒只想乾杯、圖個痛快，那就是另一回事了。只要你喜歡，有什麼不可以？純喝、加水、加冰塊、加可樂、加綠茶、加蘇打水、加咖啡，你要加什麼就加什麼，開心喝最重要。我之前介紹過有趣的睡前飲品，睡覺前準備一杯牛奶，加幾滴Ardbeg10年，很香，Why not？這就是個人喜好、個人的生活品味，加什麼都OK，而冰塊就是屬於「只要你喜歡，有什麼不可以？」的討論範疇，它和加水是不一樣的事。

　　基本上，加冰對於解鎖威士忌風味沒什麼太大的幫助，降溫反而把香味封住了，但同時也把酒精的氣味封住了，對酒精味比較敏感的人來說，酒精的刺激感會消失，加冰塊喝起來也比較順口。品飲時的香氣感受，基本上是用鼻子，而不是嘴巴，雖然有舌後嗅覺，但是加冰之後，嗅覺感受就少很多了，對於認真品飲這件事沒有幫助，但對於想多喝兩杯是有幫助的。

Q9 有聽過朋友喝威士忌特別講究圓冰或方冰，這真的有差嗎？

A 當然有差別。今天你到一家專業的威士忌酒吧，拿製冰機的碎冰塊加威士忌賣給你，顯得很不專業，所以調酒師加的冰一定是手工削出來的大冰塊。至於方冰或是圓冰則是物理學，酒液接觸冰塊的面積越小越好，如果冰塊還在零下25℃凍了兩星期，中心沒有氣泡、晶瑩剔透，會非常美觀且充滿儀式感。威士忌被這樣的大冰塊降溫變得順口的同時，也不會像碎冰塊那樣快速溶解，造成酒液被大量稀釋而淡薄的情況，如此品嚐手上這杯威士忌時，在一段時間內都能維持它好喝的口感而不會稀釋掉，這也是一家專業酒吧展現出對於威士忌、對於冰塊，以及賣給客人的酒有足夠的尊重。

場景換到家裡，我到哪裡找零下25℃的冰塊？手工削冰會不會切到自己的手？於是就隨便拿了製冰盒裡的小冰塊丟進威士忌，可不可以？當然可以，但請記得每次倒少一點酒，在冰塊溶解之前快點喝掉，倒下一杯之前，請更換新的冰塊，保持幫威士忌降溫後最低的融水率，一樣可以在家喝到不錯的冰鎮威士忌口感。在酒吧裡面，一份威士忌就是要倒45ml給你，在家裡自己一次倒15ml就好，慢慢倒，快快喝，一樣能喝到威士忌加冰的好味道。

Q10 威士忌熟成的年份多寡，對於品飲感受來說，有哪些顯著的影響？

A 熟成年份多寡對於品飲威士忌的影響很大，但與威士忌風味的好或壞，並沒有絕對關係。威士忌在橡木桶當中熟成的時間越長，會萃取出更多橡木裡的風味進到威士忌當中，將陳放15年和12年的威士忌相比，正常來說，15年的顏色更深、風味更多，同樣的類比，18年的比15年的多，20年比18年多，30年比20年多，這是必然的。曾經有位朋友在聚會中拿了一支酒給我：「Steven，你喝喝看這支21年的威士忌好不好喝。」我喝了一口說，這支喝起來像是12年的，但它的酒標是21年，我就跟他解釋為什麼會出現這樣的問題。21年是指這支酒在橡木桶裡放了21年，威士忌放進橡木桶的前12年，萃取出橡木桶中的顏色和風味，但是橡木桶老化了，後面的9年雖然陳放在橡木桶內，但這個橡木桶已經死了、沒有活力了，因此沒有萃取任何來自橡木桶的味道。當它放滿了21年後裝瓶，在法規上是一支21年的威士忌，但在風味上卻是一支12年的威士忌，請問這支酒標應當標示12年？還是21年？事實上，這支酒是用21年威士忌的價格在市場上銷售的，所以在橡木桶當中熟成年份的多寡，跟威士忌的好壞沒有絕對關係。

再者，假設這支21年威士忌在熟成時間當中，從頭到尾的橡木桶品質沒有問題，隨著時間持續萃取更多顏色和風味進入威士忌。但是思考一下，放入這個橡木桶熟成的麥芽新酒發生了什麼變化？可能蒸餾出來的酒體非常細膩優雅、比較Dry，不那麼Oily，因為蒸餾工序設定這支酒款風格是清爽，換言之，這種乾淨優雅、細膩柔順的威士忌風格，可能不太適合化大濃妝，它的橡木桶風味不應該透過陳年下那麼重，它或許熟成15年，跟

它原本細膩的風格有最好的平衡，但這支威士忌卻在橡木桶裡21年。就如同五官精巧的美女卻化了超齡的大濃妝，你覺得會比較漂亮嗎？有人覺得伸展台上濃妝艷抹的好萊塢明星是真正的大美人，也有人認為淡掃蛾眉、自然妝容的女性才值得欣賞，每個人的審美觀不一樣，威士忌的美麗是在麥芽新酒與橡木桶之間達成平衡。慣用年份數字及價格高低來判斷好壞的人，多半認為21年的一定比較好，但或許這支酒在15年時正好是橡木桶與麥芽新酒達成最好平衡的時間點，21年的叫做Over-Oaked，用桶過重，橡木桶給予的氣味太多了，導致澀味，苦味跑出來，原來酒廠的新酒風格被壓抑掉了，酒廠堅持百年傳承的氣味竟喝不出來了。

所以，威士忌熟成的年份並不適合無限制的疊加，整體平衡才美。不平衡的可能性有兩種，比如橡木桶的風味給的不夠，另一種是給的太多。像是麥卡倫的蒸餾器，它是小型的、林恩臂向下斜度很大的，沒有沸騰球，因此蒸餾出來的麥芽新酒油酯厚實、飽滿渾厚，很適合與重口味的雪莉桶做長時間的熟成，這是麥卡倫的風格，但蘇格蘭威士忌並非每一家酒廠都是麥卡倫啊～有些酒廠使用大型或細長型的蒸餾器，加上沸騰球，弄上淨化器，還有向上斜的林恩臂，緩蒸慢餾做出細膩優雅、帶著花香和果香的麥芽新酒，使得威士忌熟成在年輕的年份就能展現優雅、細膩和美好的風味，不一定要強迫它年復一年的待在橡木桶中吸收過多桶味。但是，如果所有的消費者只有單一價值觀，認為年份越高越好、顏色越深越好，等於是逼著這個世界只有一種美麗可循，我們就無緣認識威士忌世界的豐富了。

Q11 參訪噶瑪蘭酒廠時，聽導覽員提及本地溫度會加速威士忌熟成，這和蘇格蘭威士忌的熟成風格有所不同，想請問您對於熟成的看法。

A 噶瑪蘭從2005年建廠，至今快20年了，這些年，他們的威士忌已經在全世界拿到七百多面獎牌。據說，李老闆的目標是集滿一千面獎牌。所以，目前為止，我們可以把台灣這塊位處亞熱帶的土地，是否能做出好威士忌的議題先放下了，無庸置疑地，我們一定能做出好威士忌，並非單憑個人單方面或片面認知，而是因為全世界所有威士忌至高的評鑑機構們都給予了高度肯定。

蘇格蘭溫帶的緩慢熟成風格，台灣亞熱帶的快速熟成風格，這兩者很顯然是不一樣的。一塊土地的民族特性會反映在威士忌風格上，我們不需要太快蓋棺論定，畢竟在這塊土地上製造威士忌的歷史才剛滿二十年，還有無限發展的可能性，我們現在只是盡力在理解這塊土地，能帶給威士忌什麼樣的風格，深入探究分析威士忌風味的秘密，還需要更多數據和時間積累。無論是南投酒廠或噶瑪蘭酒廠，他們的製酒者都很努力繼續理解台灣風土對於威士忌風味造成的作用，探索還有許多空間，連我自己也嘗試想要成為探索者的一份子。

關於「麥芽原酒跟橡木桶的平衡」這件事，我們都知道以往最常見的是雪莉桶和波本桶，它們在全蘇格蘭大概佔了95％，只有5％是其他橡木桶。但這些年，出現馬德拉桶、馬莎拉桶、波特桶，還有葡萄酒桶，葡萄酒桶還分產地，有隆河桶、波爾多桶、澳洲桶、美國加州桶、法國貴腐桶，匈牙利拓凱桶……，各種數不盡的桶子。連台灣知名葡萄酒製酒者陳千浩

教授，他做的「埔桃酒」都被格蘭菲迪拿去做特殊桶，換言之，各式各樣的桶陳風味正如火如荼地被研究著。前幾年蘇格蘭的SWA，就是Scotch Whisky Association，他們通過了蘇格蘭威士忌可以使用墨西哥龍舌蘭酒桶陳年威士忌，已經有好幾家威士忌酒商，馬上推出龍舌蘭桶換桶熟成的產品了，南投酒廠在橡木桶的運用也跟上潮流，有梅子桶、荔枝桶、柳丁桶、黑后葡萄酒桶、桂花桶，把台灣的風土熟成進了威士忌中。

不只是各種酒桶在威士忌上的應用，桶材造就威士忌風味的可能性也被重新思考著，過去威士忌橡木桶的桶材集中在美國白橡木、西班牙紅橡木，現在有更多的橡木品種可使用，比如匈牙利橡木、日本的水楢橡木等。像這幾年，水楢橡木的亞種，來自於中國長白山的蒙古櫟木，也有越來越多酒廠使用，橡木桶的變化和應用幾乎到了歷史以來的最高峰。

好的威士忌是麥芽新酒和橡木桶的平衡，橡木桶實驗正快速發展著，那麼對於麥芽新酒的變化，威士忌產業正在做著什麼樣的努力呢？在蘇格蘭，麥芽新酒的風味就是酒廠精神，也就是他們堅持百年的歷史傳承，每家酒廠的蒸餾器長相不同、製程細節不同，因此麥芽新酒風格皆不相同，也造就了每家酒廠風格的獨一無二。若深入探究，百年前的酒廠麥芽新酒風格是誰來決定的？這樣新酒氣味的決定是不是植基於當時人們的生活條件、經濟狀態、製酒技術，以及潮流品味？這些東西隨著時代屢屢產生巨大改變，我們不再像百年前那樣知識及技術貧困了，現今人們對於生活品質的追求遠超過百年前人們的水平，甚至我們對美味的定義，也遠遠和百年前拿威士忌來禦寒和消耗生產過剩農作物的農民製酒者大不相同了。當時代改變了，是不是我們對麥芽新酒風味的追求和定義也該改變了？

威士忌麥芽新酒的製程當中，最重要的部分是取酒心，因為酒心是威士忌的核心，也是蒸餾之後拿來入桶熟成的成品。取酒心的方式不同，得到的風味就完全不一樣。目前蘇格蘭威士忌產業取酒心的方式和觀念大多如出一轍，因為那是一種傳承，保留了百年前的價值觀和品味，老酒廠想改變這件事情很難。

台灣風土條件與蘇格蘭截然不同，因為氣候差異，台灣威士忌熟成的速率快，短時間的熟成可以萃取更多風味，這樣的優勢讓台灣威士忌頻頻在世界大賽當中獲獎，除了高效的熟成速率，亞熱帶氣候的熟成曲線肯定大不相同。即便我們沒有百年製酒的歷史傳承，但從另一個角度來看，我們也少了過去成功經驗的包袱，想法或許可以更加自由。近幾年，我在蘇格蘭某些新酒廠看到了顛覆性的創新，蘇格蘭新酒廠沒有百年歷史，這跟身處於台灣的威士忌酒廠一樣，面對這個新時代，思索如何以過去威士忌架構的美好作為基礎，重新創建屬於這個時代威士忌全新的風味譜，才是我們應該要做的事情。

Q12 除了泥煤味，還有哪些風味是威士忌初學者一定要體驗看看的？

A 我認為，可以好好地從威士忌中感受花香、果香的氣味。在威士忌的製程中明明沒有使用花和水果，但透過穀類的發酵、蒸餾，以及放到橡木桶裡熟成的過程當中，卻產生出非常美妙的花香和果香，像是一種憑空生長出來的美麗，我覺得這是必須要關注的。我跟 Fika Fika 創辦人 James 合著的《咖啡威士忌大師課》這本書裡，我們就討論到在咖啡製程

中，明明沒有任何花介入，但是好的咖啡豆經過烘焙和適當沖泡，也會展現出非常優雅的花香調，那樣的花香味非常細膩、輕盈，卻最難以捕捉，對咖啡而言，那樣的味道彌足珍貴，擁有花香的咖啡豆總是最昂貴的，在威士忌的世界也是如此。但目前世界上，威士忌風味的走向被新興市場的國度掌握著，這一波崛起是因為有大量新手的威士忌愛好者加入，特別是亞洲市場。許多沒有深入理解威士忌的人或是因潮流而湧進來的逐浪者，一股腦兒跳進威士忌的世界，對於絕大多數很難覺察到威士忌細微氣味的初學者來說，從「濃、醇、香」下手最為言簡意賅；味道越厚重、口感越強烈、氣味越飽滿，他們認為這才是好的酒。以至於那些細膩優雅，辛苦在製程中被保存下來像是花香的高級氣味，卻沒有得到足夠多的欣賞和贊同，甚是可惜。

近年來，我拜訪了幾家蘇格蘭威士忌新酒廠，因為規模小，反而不去迎合市場的流俗，透過製程的創新，為威士忌的新時代和新風味創建起一套自己的理論，從這幾家酒廠的麥芽新酒中常能感受到優雅細膩的花香調和水果調，展現出新世代的高級氣味。

除了花香、果香，「硫味」也很有意思。穀類製酒的過程中，會將穀類中的澱粉轉化成醣，再把醣變成酒精，但穀類除了澱粉之外，還有一個重要成分是蛋白質。蛋白質在發酵的製程當中，很容易產生硫化物。威士忌蒸餾的過程中，銅製蒸餾器的銅壁會吸附硫化物，透過沸騰球的設置、上斜的林恩臂，或是淨化器、銅製冷凝管等，製造出酒液不斷地跟銅接觸的機會，藉此吸附硫化物，讓蒸餾出來的酒心保持乾淨的氣味。然而有趣的是，把酒心做的很乾淨是上個世代的價值觀，因為早年的蒸餾技術不夠好，蒸餾出來的氣味駁雜，誰能把酒做得越乾淨，代表他的酒越好。但是

現在蒸餾的技術成熟，加上科技輔助，酒心都能做得很乾淨，甚至太完美了；但物極必反，一些老派的蒸餾廠反而喜歡在酒心中留下一些雜味，因為雜味在橡木桶裡長時間的熟成當中，會轉化出更有趣的味道，而「硫味」就是其中之一。以前的人們想方設法去掉硫味，現在反而要保留一些硫味，透過熟成，轉化出更精彩、驚喜的味道。這些年剛建立的新酒廠，就回過頭去，採用老式的蟲桶冷凝法，為保留硫味，而「矮肥短」的小型蒸餾器更大行其道，因為小蒸餾器做出來的酒心氣味比較複雜，沒那麼乾淨，熟成後威士忌的味道同樣變得更複雜、有趣。

　　硫味、花香、果香以及泥煤味，都是很有趣的風味。在威士忌的世界裡，這些氣味，並不一定都那麼強烈直白，它們有些如同暗香浮動，需要細細感受才能明白其中的差異。若你有志成為知識性的威士忌品飲者，我相信感受這些風味將是很寶貴的體驗。

Q13 在台灣似乎較少機會接觸愛爾蘭和加拿大威士忌，為什麼？同時也好奇這兩個產區的特色為何？

A 在市場上，主流或非主流決定了絕大多數消費者購買的意願，加拿大產區的威士忌少見，是因為他們的市場以美國為主。1920年，美國實施禁酒令，造成他們國內不能生產威士忌，所以美國人把一部分酒廠移到加拿大，製作後再賣回美國，因此造就了加拿大酒業的興起。直到目前為止，加拿大生產的威士忌仍有70%的市場在美國。除了大量生產提供給北美市場外，仍有一些小型的加拿大酒廠做Boutique威士忌，屬於少量生產的精品威士忌，但是產量很少，有些還沒賣到台灣就先賣光了，因為市場小，加上沒有行銷推廣的預算，除非想刻意認識它，不然很難接觸到。加拿大威士忌設定的是北美的平價市場，所以人們對加拿大威士忌的認知多半是平價和順口，很適合初學者入門，不過台灣人對於威士忌的愛好與其他市場不同，濃醇香反而是入門的敲門磚。我試過一些來自加拿大的高年份精品威士忌，細緻順口，沒有過重橡木桶的著墨且酒體優雅，和蘇格蘭威士忌是截然不同的審美觀。

　　愛爾蘭號稱是威士忌發源地，愛爾蘭威士忌曾是世界上賣得最好也最受歡迎的威士忌，之前光是他們的首都—都柏林附近的酒廠就超過三十五家，卻因為第二次世界大戰，市場迅速萎縮。約莫30年前我開始喝威士忌的時候，當時整個愛爾蘭只剩下兩家威士忌酒廠，後來多一家，變成三家，有很長一段時間，愛爾蘭就靠這三家酒廠苦苦支撐著還算得上是威士忌產區的名號。這10年來，大概增加至四十、五十家新酒廠，台灣已進口其中幾家了，但是量很少，所以大眾市場看到的仍是蘇格蘭威士忌。簡言之，經濟規模的大小決定了市場是否願意推廣的可能性，即使有人願意推

廣，在這個時代，行銷預算的多寡決定了威士忌的能見度。

　　從2007年開始，日本三得利終於打算在全世界認真推廣自己的日本威士忌，它們的第一站就是跟日本最交好的台灣，我當時受邀去日本參觀酒廠，回來之後，他們請我談所見所聞，分享日本威士忌傑出的製程細節

和獨到之處。推廣初期，大部分的人都笑說：「日本威士忌不好喝，比不上蘇格蘭威士忌。」那些先入為主的人，當時沒多存幾瓶響Hibika或山崎Yamazaki，沒想到後來價格水漲船高，他們現在應該都很後悔。我要說的是，加拿大、愛爾蘭威士忌沒有不好喝，也沒有比不上蘇格蘭威士忌，認識它們之前，我們要先放下自己先入為主的觀念。對於目前的市場來說，它們是小眾的，就像是2007年前的日本威士忌。之前，沒有人想像得到，現在的日本威士忌竟變成奢侈品，一開始推廣的時候是沒有人要的、價格低廉的。你說是因為日本人的製酒技術突飛猛進而價格飛漲嗎？當然不是，一路以來，他們始終如一，改變的是市場，波動的是人心，與威士忌的好壞沒有關係。

　　和威士忌相處久了，你就會發現喝酒要放輕鬆，不要太盲目地追求主流，不管是加拿大或愛爾蘭威士忌都值得試一試。多鍛鍊自己的嗅覺跟味覺，而不是人云亦云，才是最重要的。好東西是要憑藉著自己的舌頭辨認出來，而不是喝的是潮流，嚐的是價格，買的是包裝，當的是韭菜。

Q14 我曾經收到長輩餽贈的包桶威士忌，您對於包桶威士忌的看法是？

A 包桶其實是私人選桶的裝瓶。你試了酒，覺得符合自己的喜好，花錢把一整桶買下來，裝瓶時甚至可以選擇自己的酒標，用來標幟你個人的品味。依據橡木桶大小，一只桶子可能裝一百支至六百支威士忌不等，瓶數很多，所以有些人會當禮物餽贈，或是和朋友一起Share。所以包桶的意義更多是在於分享，與朋友分享你喜好的風味。

舉個例子，我剛開始喝威士忌的時候，很多人說要喝麥卡倫，為什麼要喝麥卡倫？因為它是單一麥芽威士忌，因為別人說要喝單一的比較純，喝調和的不純（笑），這當然是錯誤的觀念～不過，很多人的確是這樣想的。後來發現，每個人都在喝麥卡倫，那我要喝不一樣的！限量的比普通的厲害，你喝的是常規版的，我要喝全球限量兩千支的。接著又發現，飢餓行銷風行，到處都是限量版。於是再進化，那我自己包桶，這一桶專屬訂製只有我有，全球兩百瓶，喝一瓶少一瓶，送你一支，我有面子，你也有面子。

　　身處於這個世代的我們，每一個人都在彰顯個人品味，威士忌會在這個世代產生這麼大的流行，成為所有品味人士的最愛，其實是有道理的。它彰顯的不是單一價值，而是多元價值。在這個多元價值裡，每個人都能找到自己的定位，以及屬於你自己獨一無二的品味。

　　千萬不要喝了單一麥芽威士忌而去說調和式威士忌的壞話，也不要因為喝限量版威士忌就瞧不起喝普飲款威士忌，更不要為了擁有單一桶裝或是私人包桶的稀有限量而沾沾自喜，這跟以為顏色深就是讚、價格貴就是棒、年份高就是好的迷思一樣，掉進了二元對立的價值當中，會因此錯過不同的美麗。調和威士忌和單一麥芽威士忌有不同的調和觀念，小批次的限量威士忌和普飲款威士忌針對的市場受眾不同，單一桶或是包桶是突出更小眾的品味，它們都有各自的美，是不一樣的美。我們在追求個人品味的過程中，往往經歷過從調和式到單一麥芽，從普飲款追尋到限量款，甚至決定跟幾個朋友集資一起包桶威士忌，這些探索過程都是美好的，沒有必要菲薄自己過去的喜好。現在的我，喜歡調和威士忌細膩的層次，喜歡單一麥芽威士忌酒廠的格調，喜歡桶強限量版的原汁原味，喜歡單一桶稀有而獨特的味道。因緣際會下，我也有自己的包桶，透過親自挑選的包桶，每一桶都記錄了我浸淫

在威士忌世界的體悟和學習，還有我窺見它的廣闊和浩瀚。

Q15 您之前在著作中曾提及「威士忌風味輪」，這是大眾所公認的品飲系統？或是視個人喜好而調整的軌跡？

A最早期，威士忌風味輪是由一些西方的酒類專家訂立的。因為許多人在品飲時無法明確感受到酒裡的風味，所以專家們建立起風味輪，協助大家把威士忌裡複雜難解的風味做些區分，比方花香調、果香調、木質調，還有麥芽產生的氣味、土壤產生的氣味等，這些是大區分。接著，在大區分中找到不同氣味的描述，例如花香調有玫瑰花、橙花、薰衣草，以及其他花種；果香調中有香蕉、檸檬、芭樂以及各式水果，這些被分門別類的氣味仔細標示在圓形輪狀圖當中，人們就能透過它找到當下品飲時難以描述的氣味，這就是風味輪的功用。如果你是一位威士忌愛好者，就能一邊喝一邊拿著風味輪對照當下嗅聞出來的味道，並記錄下來，建立自己的品飲筆記。網路上有些簡化的風味輪可供參考，上面清楚標示大眾普遍能感知到威士忌的風味，進而輔助愛好者品飲。

前幾年，我去愛丁堡拜訪威士忌大師Charles MacLean，他送我一張他自己做的威士忌風味輪，上面密密麻麻標示數百種風味，鉅細彌遺。由於國外大師所描述的氣味，都是以他們自身的生命經驗為出發點，因此部分味道的描述因為文化隔閡而難以理解，像是前文提過的石楠花、耶誕蛋糕，並不存在於台灣人的味蕾經驗或生活體驗之中，體悟起來彷彿隔層紗。有一年，我曾和Charles MacLean聊到風味輪，他說或許我該建立一套屬於東方味覺的風味輪，我想，或許那個風味輪當中就會有蚵仔麵線、

臭豆腐，也會有龍眼蜜、荔枝蜜和百花蜜，蒐羅那些我們能輕易理解風味的詞彙。談風味是一種很抽象的事情，它沒有一個標準答案，但卻與我們每一個人過去生命經驗息息相關。

Q16 威士忌入門者想拓展品飲廣度，您會建議如何進行？

A 我覺得可以由每個人的經濟收入狀況來決定和選擇。我曾經協助一位朋友規劃威士忌體驗計劃，他是一位上班族，希望以最初階的預算來品飲威士忌。我告訴他，要認識一家威士忌的風格，千萬不要從限量版來認識，也不要從高年份來認識，一定要從基本款下手，從最年輕、最便宜，也是一個品牌賣得最好的酒下手，大部分的人認識該品牌的風味多半是透過基本款。假設基本款威士忌的價格每支1千元台幣，每個月規劃3千元，經濟狀況好一點，增加到6千或9千元，完全視個人經濟狀況量力而為。若你有3千元的預算規劃，每個月可以買兩三支酒，準備一打威士忌品飲杯，將剛買來的威士忌同時打開，千萬不要一支喝完了再開下一支，三支酒同時打開，分別倒進三只杯子裡面，一邊喝一邊對照風味輪，寫下品飲筆記，用自己的方式對應三支威士忌的感受記錄下來。剛開始記錄或許舉步維艱，因為我們味覺的感受長時間缺乏鍛鍊，或許已經失去敏感度，這種狀況很常見。每次只倒一點，多練習幾次，多喝不要喝多，下個月再買三支，這樣就可以同時品飲六支酒的差異了，下下個月再買三支，就有九支了，以此類推，這樣一年有三十六支，三年後有超過一百支威士忌協助你輪流鍛鍊對味覺的感知力，三年後差不多可以出師了，因為你的味蕾至少認識一百家酒廠或品牌的氣味了。

每天這樣鍛鍊，每次只倒一點點品嚐，並不會變酒鬼，所有的嗅覺、味覺卻能在這3年透過威士忌進入另一個層次。面對酒液的氣味，不只是聞出來、喝出來，還能清楚地描述出來，如此已經是感官的專家了。而且被威士忌開啟的嗅覺和味覺，不只能運用在威士忌的領域，還能運用在葡萄酒與美食上、運用在生活的美感中、運用在個人的眼界上，因為我們正是用五感來認識整個世界的，而我們認識這個世界的工具透過威士忌的自我訓練被升級了。

這種時候，
你會需要的
酒單
Whisky List

—

威咖們喝酒、餐敘或出席重要場合時，如果拿出來的酒款
能驚豔大家，是不是很「威」呢？執杯大師為你列酒單，
加分每個重要時刻，收錄七個情境式主題。

【主題1】

和台菜很搭的入門酒款

酒桌文化常是許多人接觸威士忌的起點，以往常見的酒桌情境是，一道道美味佳餚上桌，人們用著餐廳免費提供印著啤酒商logo的小啤酒杯來喝威士忌，那樣的杯子裝過白開水，裝過熱茶，裝過罐裝飲料，也裝過啤酒或葡萄酒，在那個沒有人會帶自己的品飲杯出門，以及餐廳不會幫你準備喝各式酒類的杯子的年代，那款杯能滿足你加冰塊或純喝的需求，甚至成為一種度量衡，是拼酒時恬量乾杯份量的度量衡。因此，許多剛接觸知識性品飲的朋友，懷抱著過去長輩帶著你在酒桌上吃台菜拼著肝功能的江湖技巧，往往對文謅謅的品酒嗤之以鼻。在每個路邊熱炒和各式火鍋的喧囂場合裡，用肝喝酒似乎比用心喝酒更受人歡迎。

世間萬物的演化有陰陽、有得失，一體兩面，或許是我們的飲食文化中一直存在著拼酒乾杯的歷史，台菜也跟著演化成搭配麥酒（啤酒）和烈酒（高粱）好速配的口味，因此威士忌文化進入這塊土地時無縫接軌，以麥芽生產的威士忌毫無違和地迅速攻佔台菜的酒桌文化，只是，我們現在要把酒桌上威士忌助興的功能改成餐搭，拼酒改成品酒，瞎喝改成盲飲，喝多改成多喝，這樣的文化還有一大段路需要我們持續努力。

歐肯三桶單一麥芽威士忌
Auchentoshan Three Wood
—

蘇格蘭低地區三次蒸餾的威士忌，使用三種不同橡木桶陳年，呈現出豐富而優雅的熟透果香，蘊含著奶油糖、烏梅和葡萄乾的氣息，特別適合搭重口味的台菜，例如熱炒類。記得有一次和朋友約好去吃台電酸菜白肉鍋，剛好就帶著歐肯三桶，雪莉桶的烏梅味和酸菜鍋裡的五花肉碰撞在一起，彷彿酸梅湯一般解膩，讓人忍不住又多夾了幾塊肉下肚！

蘇格登12年單一麥芽威士忌 雪莉桶風味
The Singleton 12yo Sherry Finished
—

以雙桶熟成為基礎，再以第三道歐洲橡木雪莉桶換桶熟成，創造出濃郁的雪莉風味，有香草，蜂蜜，櫻桃，紅色蘋果的香氣，無論是具有鑊香的快炒料理，或是帶有醬香的醬味系料理都很合拍。蘇格登威士忌很擅長找尋風味的平衡，但這支醇雪莉在一般款蘇格登12年的平衡中，往雪莉風味多了些偏心，因此遇上以醬油入菜的料理時，更加氣味相投。我曾經試過與燉煮的年菜搭配，軟嫩的五花肉和熟爛的白菜入口即化，和口中的威士忌相得益彰。

汀士頓1785傳承雪莉桶
Deanston Heritage Sherry Cask Finish

—

濃厚的雪莉桶風味中有著熱帶水果的氣味，果乾、巧克力、太妃糖、蜂蜜以及香草，尾韻有著柑橘香和辛香料的風味，是支順口易飲的好酒。汀士頓一直以來被市場定位為CP值高的酒款，香軟滑口，不辛辣刺激，因此符合台菜餐廳對威士忌的需求，因為在台菜的宴席上，我們不只是喝酒，划拳、行酒令也是在地文化之一，順口易飲的調配觀念即是入境隨俗的在地化表徵啊！

03

Choice

....

格蘭菲迪15年單一麥芽威士忌
Glenfiddich 15yo

—

以如同老滷般特殊的索雷拉系統來熟成威士忌，使用了波本桶、雪莉桶以及全新美國橡木桶來熟成，有清楚的花蜜味，還有杏仁糖、肉桂、南薑的味道，富有層次的口感，拿來搭台菜再適合不過，那豐富的辛香料氣味，彷彿幫菜色用了蔥薑蒜爆香。我曾經從幾位企業家口中聽到他們稱讚格蘭菲迪15年，酒桌文化有它自有的邏輯，對大佬來說，12年的基本款不夠大氣，年份高了一級的15年，風味表現更飽滿且價格合理，而格蘭菲迪正是首選。平時在酒桌上喝習慣了，出國經過免稅店，也會買支格蘭菲迪15年呢。

04

Choice

【主題2】

和朋友聚會自在喝的易飲酒款

我有兩種朋友，一種是當威士忌上了桌，就會滔滔不絕地分享每一支威士忌的歷史、典故以及風味，像這樣的朋友，我們多半很喜歡他的學問淵博，威士忌喝起來也有趣多了。不過，難免有一些不感興趣的朋友，會覺得壓力很大，喝酒就是喝酒，囉唆那麼多幹什麼。

還有一種朋友，對威士忌不感興趣，反倒對於酒桌上正要八卦起來的話題興致盎然，平常陪朋友喝喝酒只是為了紓解壓力，或抱怨一下公司和上司，比起研究威士忌做了幾次蒸餾或是放進哪幾種不同的橡木桶陳年，還不如討論一下台股漲翻天時，還有哪支股票可以加碼投資。

聰明如我們，知道身邊要有各種不同的朋友來豐富我們的生命，興趣很重要，投資很重要，八卦也能滿足我們無處釋放的好奇心，當大家聚在同一張桌子一起喝酒時，上什麼威士忌、聊什麼話題，就成了生活的智慧，賓主能否盡歡就成了自己平常關不關心朋友的考試題。

百富12年雙桶單一麥芽威士忌
The Balvenie 12yo Double Wood
—

威士忌的流行是有潮流的，大部分對威士忌不感興趣的朋友，多半對於跟上時勢潮流都是感興趣的。單一麥芽威士忌的風潮從麥卡倫吹到蘇格登，再從蘇格登吹到百富，聽說現在大摩正潮，喝一下潮流之中的威士忌，順邊講講百富12年是現在最流行換桶熟成的第一人，顯得自己也是潮流中人啊！

坦度12年單一麥芽威士忌
Tamdhu 12yo
—

雪莉桶風味一直是大眾追逐的標的，我們熱烈喜愛它的同時，卻也不希望自己喜歡的雪莉桶風味威士忌是那種大賣場或KTV都見得到的酒款，這樣顯得我們的品味太通俗，所以要有點流行又不要太流行的威士忌就是最佳選擇。坦杜因為量少質優，所以要大眾化也不容易，號稱全系列唯一100%雪莉桶從頭至尾陳年的，只此一家別無分號。

亞伯樂12年非冷凝過濾單一麥芽威士忌

Aberlour 12 yo

—

與朋友聊威士忌的話題，不要冗長而煩人，要精簡而有感，使用非冷凝過濾（Non Chill Filtered）的亞伯樂，保留最原始而完整的純粹風味。因此，當你加入些許的水，或用冰塊降溫，在酒液中就會呈現出雲霧狀的酒雲，趁著觀賞並解釋酒雲的當下，幫朋友上一堂短短的威士忌課吧！

03

Choice

約翰走路藍牌調和威士忌

Johnnie Walker Blue Label

—

有些酒，你什麼話都不用說，一拿上桌，朋友就知道你的誠意。Johnnie Walker藍牌一直以來擁有極高的名聲、高級酒的形象，不需多費唇舌，品牌透過廣泛的媒體廣告行銷就已經幫你安撫好朋友的心，和你拿了一支比藍牌貴了好幾倍的小眾威士忌，需要費盡口舌地雞同鴨講，朋友喝了還一臉嫌棄的表情相比，這款酒可能社交效果更佳。

04

Choice

【主題3】

推坑另一半一起喝的推薦酒款

兵法書告訴我們「攘外必先安內」，每每看見有些酒友，購買了心儀的威士忌，卻不敢拿回家，或是得藏在衣櫥裡、床底下，生怕另一半發現，明明是正大光明的興趣嗜好，卻弄得好似與威士忌之間發生不倫的偷情。不管你的另一半是先生還是太太，推坑他們與自己一起加入威士忌的大家庭才是解決之道。

在家與另一半小酌或是享受微醺是很浪漫的，威士忌最棒的一件事就是開瓶之後不需要馬上喝完，理論上保存期限是無限期，我們完全可以控制自己的酒量，在家喝、喝多少自隨人意。酒精濃度亦可隨己之意加水調整濃度，輕鬆找到最適合自己微醺的美麗。

拿什麼威士忌讓老婆入坑最好？以我個人的經驗是……越貴越好。這不是玩笑話，而是血淋淋的經驗，初入門的另一半往往對年份很高、酒精濃度較低、風味細緻的老威士忌特別有感，而這樣的威士忌的價格多半比較貴。我們常常覺得初學者應該從低年份、價格便宜的基本款喝起，但是沒有經過長期訓練的味蕾，往往對長時間熟成後溫潤細緻的老酒特別有感，

而年份越高的老酒通常價格越貴。所以，如果你沒有預算問題，想推坑另一半的話，就拿出酒櫃裡那支捨不得開，年份很高、價格很貴，沒有奇怪的煙燻泥煤味、酒精濃度不高的老酒，狠心轉開來請老婆喝吧。如果你的心在滴血，怎麼也捨不得打開那支酒，以下推薦的威士忌你可以試試看。

格蘭冠10年單一麥芽威士忌

Glen Grant 10yo

—

這家酒廠是我最喜歡推薦給初學者以及女性消費者的威士忌了，而且格蘭冠的高年份很好喝，然而，它的低年份威士忌就已經十分精彩了。蒸餾時，兩支蒸餾器都用了淨化器，讓威士忌呈現出最細膩的感受，香甜奶油、香草冰淇淋、海綿蛋糕、檸檬皮，好似甜點般的絕妙感受。

01

Choice

響 Japanese Harmony 調和威士忌

HIBIKI Japanese Harmony

—

玫瑰花香、荔枝、迷迭香、檀香、白巧克力……看見這樣的風味敘述會不會覺得這是描寫香水氣味？日本人將精細對待事物的態度放入威士忌當中，如此細緻而迷人的風味，我也會嘗試推薦給另一半，並對另一半說，這支威士忌的氣味彷彿是一位穿著浴衣參加夏季祭典的日本女性，酒液入口的感受如同在口中綻放出華麗的花火。

02

Choice

大摩 亞歷山大三世單一麥芽威士忌
The Dalmore King Alexander 3

—

有些人喜歡淡雅氣味，有些人喜歡濃醇香，濃淡之間
都能順口怡人，亞歷山大紀念款用了六種不同的橡木
桶，陳年出華麗而奢侈的濃醇香感受，簡單就能入
口，喝起來卻不簡單，很適合貴婦享用。相對而言，
價格較高、包裝高貴的威士忌拿出來更有面子，雖然
價格高低與喝威士忌的多寡看似沒有正相關，但事實
上，人們多半選擇平價威士忌痛飲，高價威士忌則是
啜飲，所以幫家中的女王挑選昂貴一些的威士忌，更
符合她們的優雅氣質。

03
Choice

....

雅柏艾雷10年單一純麥威士忌
Ardbeg 10yo

—

你有沒有發現你的另一半與眾不同，總是在各方面展
現非凡品味，例如：她吃的麻辣鍋特別辣、常吃的那
家臭豆腐最臭、喜歡買榴槤回家親手挖來吃，還有拿
來搭配葡萄酒的起司表面滿佈藍黴菌…。如果是這
樣，讓她入坑的威士忌必須是非凡風味的威士忌。以
我在酒吧多年的經驗，許多很有個性的女孩都會指定
喝雅柏10年。這支威士忌是什麼樣的風味？嗯～彷彿
不小心倒了半罐正露丸在酒瓶子裡。

04
Choice

【主題4】

喜歡果香味的入門酒款

　　我個人認為，住在水果寶島的人不喜歡吃水果、不愛果香味的威士忌，那損失可就大了。我從小的生命經驗就跟著許多不同的水果一起長大，年紀小的時候摘楊桃，長大一點就爬上樹摘芒果、龍眼、荔枝、蓮霧……，當然還有捕捉樹上吃水果的金龜子。

　　小時候在家吃飯，除了有米飯和母親的愛心料理之外，飯後水果絕對不能少，長大後，才知道住在亞熱帶國家的我們太幸運了，地球上有許多國家，水果對當地人們來說是奢侈品，而我們長期以來卻理所當然地享受著來自大自然豐富水果的賜予，因此在大多數人生命中嗅覺和味覺的體驗，不知不覺早就累積了吃水果的感受經驗，化為深刻的生活記憶。當我開始接觸威士忌、認識威士忌，自己動手寫品飲筆記時，才發現過去累積在腦中氣味的各種經驗，因為環境造就而被歸類在天賦異稟中。

格蘭利威12年首席三桶（蘭姆波本桶）單一麥芽威士忌
The Glenlivet 12yo Rum&Bourbon Cask Selection
—

用蘭姆酒桶造就出熱帶水果風情，鳳梨、水蜜桃的果香，還有馥郁的牛奶糖香以及迷人的花蜜味，很適合喜歡水果味的愛好者。蘭姆酒桶是近年才流行起來的威士忌桶陳，同樣地，陳年蘭姆酒近年也在歐洲的老饕市場大行其道。來自亞熱帶緯度的蘭姆酒桶風味，不僅帶給威士忌甜蜜的氣味，還支援了更多討喜的水果風情，格蘭利威12年首席三桶在果味上的表現確實傑出。

歐肯 白蘇維濃桶單一麥芽威士忌
Auchentoshan Sauvignon Blanc Finish
—

這支三次蒸餾的威士忌，使用了少見的來自波爾多白葡萄酒桶換桶熟成，給予獨特的清甜氣味。酒液冰鎮之後，出現像是水梨、棗子、白桃、青蘋、檸檬的氣味，甚至帶著一點點茉莉花香氣。白蘇維濃的葡萄品種有很清楚的風格，舊世界的有優雅的白桃和青蘋果香氣，而新世界的則有濃郁百香果、芭樂氣味，甚是迷人。因此，威士忌陳放過白蘇維濃葡萄酒桶後所產生的對話很令人期待，這支威士忌在品飲前請先冷藏、冰鎮降溫，讓專屬葡萄酒的香氣和口感在合適的溫度中釋放出來。

鉑仕麥21年單一麥芽威士忌
Bushmills 21yo

—

我心目中頂尖的老酒都有清楚的百香果氣味，是那種會讓人懷疑威士忌裡是不是添加了百香果汁的迷人氣味。當然，老饕們都知道威士忌中那最美好的氣味沒有任何添加物，是自然熟成產生的，所以就會驚艷時間的造化，甚至愛不釋手，這就是我第一次喝到鉑仕麥21年的心情，各式成熟水果的風味如大珠小珠落玉盤般，俯拾即是。

03

Choice

波摩18年單一麥芽威士忌
Bowmore 18yo

—

波摩是來自艾雷島最古老的酒廠，很難想像在我們以為表面的煙燻泥煤炭味之下，竟潛藏著滿滿的熱帶水果風味，加上雪莉桶的熟成，彷彿在一盤切好的芒果、水梨、草莓上淋覆巧克力糖漿，或是焦糖奶油，最後在上桌前噴上用龍眼木的煙燻味，讓這些奇妙的味道融合成一體。

04

Choice

【主題5】

見威咖岳父、生意夥伴
適合的酒款

　　威士忌的世界從來就沒有對錯，許多人喜歡菲薄過去來證明現在才是對的，就像說過去流行的干邑白蘭地不好，現在流行的威士忌才好。或是，過去人們熱愛的調和威士忌不好，證明現在喝單一麥芽威士忌才是對的。其實，我們喜愛過的酒類都是在人類數百年歷史的淬煉中已被證明的美味，並且在時間的淘選中被保留下來，或許彼此在製程和風味的設計上觀念不同，但美味可是一點都不會少。

　　因為我的酒齡較長，經歷過不同世代烈酒文化的流行，看著飲食文化一路隨著時間改變，潮來潮往，更是體會到世上沒有一成不變的價值觀。在上上個世代，干邑白蘭地是紅頂商人應酬的最愛，香氣迷人、順口好入喉。而上一個世代，開始流行更有個性的威士忌，威士忌的多元性風味讓新世代擁有更多的選擇性。當社會中的人們越來越傾向追求自我，追求獨一無二與他人不一樣的個性時，單一麥芽威士忌的市場應運而生，因為，每間單一的酒廠就是獨一無二的味覺經驗，並且每一個人都可以在其中找到最適合自己的威士忌風味。換言之，不管你是哪個世代的人，你所喜好

的事物,正反映了屬於你這個世代的價值觀。

　　所以,每當我去拜訪長輩、拜訪長官、拜訪老丈人,我總會先了解一下
他們是哪個世代的人,擁有哪一個世代的喜好,懂得做人、懂得送禮應投
其所好,而不是投自己的喜好吧。

皇家禮炮21年調和威士忌
Royal Salute 21yo

—

還記得有一回和幾位老派的企業家一起前往藝術家山上的工作室，酒酣耳熱後，決定續攤至金山泡茶，幾位喝不過癮，決定繼續喝酒，那時我身負重任，去附近找酒，我買了皇家禮炮21年，回來被長輩誇獎了半天。對他們來說，這支酒是屬於他們世代頂級威士忌的形象，怎麼出去沒多久就弄到了，都不相信我是在便利商店買的。一邊在泡茶的氛圍中，一邊品飲皇家禮炮成熟的美麗，聊著大人們在乎的話題，或許這樣的情境，是不少年輕人心目中的成年禮。

百齡罈30年調和威士忌
Ballantines 30yo

—

百齡罈30年是我心目中調和威士忌的王者，在過去尚未有這麼多高年份威士忌的時代，百齡罈30年在眾多威士忌中以極高年份鶴立雞群，它幾乎奠定了早年威士忌愛好者對30年風味的定義。所以拿這支威士忌出手，不管是見丈人、老闆還是長輩，都是十足十的心意。豐富的奶油糖、杉木的氣息中，帶著高山茶的味道，順口不刺激，這酒溫柔到讓人喝它時可以不急不徐，好酒讓人越喝心越靜啊！

麥卡倫18年雪莉桶單一麥芽威士忌
The Macallan Sherry Oak 18yo

—

誰奠定了在台灣這塊土地上單一麥芽威士忌的地位？
是麥卡倫。是誰教會了消費者喜愛深邃的威士忌風味
來自雪莉橡木桶？是麥卡倫。誰是人們心目中單一麥
芽威士忌第一的品牌？是麥卡倫。當你要與很重要的
客戶或合作夥伴把酒言歡，或面試要當別人的女婿，
麥卡倫是會讓對方覺得被尊重的選擇。選擇18年是
因為能見度較低、價格更高，更有重視之意，選擇
Sherry oak而不是Double oak，是因為Sherry oak更
符合大眾品味的期待。

03

Choice

噶瑪蘭 經典獨奏雪莉桶威士忌原酒
KAVALAN Solist Oloroso Sherry Cask Strength

—

自從噶瑪蘭在國際大賽頻頻得獎後，常有人問道：「台
灣威士忌好不好喝？」「台灣威士忌的特色是什麼？」
關注的人越來越多。在重要場合端出噶瑪蘭威士忌，
除了是愛台灣，也是絕佳的話題開頭，聊天話題從這
塊土地可以做出世界級的好威士忌開始，到獨特的亞
熱帶熟成、獲獎無數的肯定等，最後再用口感來驚艷
台灣人，如此證明自己的眼光獨具、品味獨到，將女
兒交到你手上儘管放心。

04

Choice

【主題6】

喝一瓶少一瓶的逸品酒款

在我心目中，根本沒有「死前必喝」、「一生必喝」酒款這種說法，這是以聳動書名希望能賣更多書，或上影片時用嚇死人不償命的標題吸引更多的點閱率。死前必喝一百支威士忌？沒喝到這一百支威士忌就死不瞑目？其實根本沒這回事。

不過，有些威士忌你沒喝過，缺少跟別人聊天的話題，當大家都在流行喝那漲翻天的日本威士忌，總不能為了理性省點錢，一堆人努力分享著自己喝到多貴多稀有的日本威士忌時，你黯然地被話題排擠成角落生物。

還有一些威士忌的特殊風味是因為巧合，或是錯誤而產生的，這些美麗的錯誤被調整修改後就不復存在了。多年後，姑且被稱之為「失敗」的作品，在時間的矯正感化中蛻變、羽化成蝶，從醜小鴨變成了天鵝，卻因為它只存在歷史中一小段時間，反而成了威士忌愛好者追逐的逸品，像是這樣的威士忌沒喝到不會死，只是會很傷心，加上時間是威士忌最大的成本，隔了這麼多年才蛻變，都成了老酒，價格不菲啊～

　　更有些威士忌，酒廠在無情歷史的沖刷之下，不得不關廠倒閉，研究蘇格蘭威士忌歷史的人都知道，威士忌酒廠的倒閉常是非戰之罪，不是酒做得不好喝，而是景氣循環和產業更迭，加上陳年威士忌需要付出比其他類型酒廠更多的庫存成本，往往景氣一變動，酒廠就倒一片。那些能在歷史印記中留下些許雪泥鴻爪的絕版酒，要嘛乏人問津，淹沒在時間當中，要嘛成了老饕們瘋搶的遺珠之憾。這些喝一瓶少一瓶，未來也不會再有的威士忌，聽起來總讓人心癢，忍不住想擁有。

山崎18年、白州18年百年紀念款

The Yamazaki 18yo、Hakushu 18yo 100th Anniversary Edition

—

一家酒廠能有多少次100週年？答案是100年一次，而日本威士忌正是全球威士忌浪潮風頭上的寵兒，加上造成日本威士忌大崛起的推手，正是日本三得利集團，它們為了100週年特別推出的百年紀念款，就算價格貴到買不下手，也要想辦法參加品酒會，或是弄到酒友的分享瓶，喝喝看，才能趾高氣昂地脫離角落生物的宿命。

01

Choice

波摩31年時光永恆系列 單一麥芽威士忌

Bowmore 31yo Timeless Series

—

波摩Bowmore酒廠曾經在1980年因為製程的失誤而造成「肥皂味」，在1990年調整後恢復了正常，卻沒想到，失常的波摩肥皂味在時間淬煉之下成了香水味，那迷死人的香水肥皂味是如此獨一無二，反倒讓老波摩成了老饕們競相收藏的逸品。這樣的味道沒喝過，就不會知道原來威士忌的香氣可以張揚得如此無法無天。

02

Choice

麥卡倫 經典雪莉桶30年單一麥芽威士忌
The Macallan Sherry Oak 30yo

—

有一些酒就是經典，它總是會在人們的口中傳頌很久，你現在不喝它，再過幾年，就要付出更大的代價才能喝到它，千萬不要相信那些口耳相傳的囈語，說是以前的麥卡倫很棒，現在的麥卡倫已經不好喝了。你應該相信的是一家由許多職人一生懸命傳承200年的工藝，還是那個喝沒幾年卻信口開河的酒空？

03
Choice

玫瑰河畔 單一麥芽威士忌
Rosebank 30yo

—

1993年關廠的玫瑰河畔Rosebank位處低地區，而低地區的三次蒸餾和絕美的花香調，正是最完美的代表。現在存在的低地區酒廠，反而沒有Rosebank這麼精彩的低地區代表風格，因此，當它以絕版酒的名義一上市，收藏家馬上瘋狂起來，大家都很擔心這種屬於低地區美麗的花香調，會從此消失不見。或許正因為大家對它有著強烈的期待，Rosebank走向了復廠之路，希望新的Rosebank能做出跟過去一樣的好味道。

04
Choice

【主題7】

跟懂酒的威咖朋友
一起喝的稍進階款

長年教易經的我總是會提醒自己，活在這個時代，網際網路中的資訊多如牛毛，當一個人對某件事情感興趣時，他會想盡辦法去找資料來滿足自己的求知慾；但當他不感興趣時，你的演說再精彩，也不過是首催眠曲。所以，我會一再地告訴自己，這個時代，授課不是填塞知識，而是啟動學生的求知慾。故與初學者一起喝酒，我有說不完的有趣故事，一支威士忌該怎麼喝？喝什麼？如何解析風味？沒那麼重要，賓主盡歡最好。

和真正開始有求知慾的威咖一起喝酒就截然不同了，從一個人問的問題，就知道對一件事情了解的程度有多少，大部分的初學者是不問問題的，他們只想告訴別人自己喝了什麼酒、買了什麼東西，以及市場價格多少錢。進階了解的愛好者，他們則會對如何鍛鍊自己更有能力感受威士忌這件事感興趣，也會對理解風味來源感興趣，是因為發酵造成花香調？是因為蒸餾造成果香調？那蟲桶冷凝對威士忌的平衡有什麼樣的影響？煙燻味怎麼來的？每一家酒廠的風格如何設定？為什麼這支威士忌可以陳年出如此讓人愛不釋手的氣味？能被複製嗎？在酒桌上開始討論起這些話題

時，我們會稱之為知識性品飲，也是對威士忌進階認識的敲門磚。更過分的是，有人會拿出自己平常獨酌時記錄威士忌風味的品飲筆記，當別人也有寫品飲筆記時，這是種交流，當別人沒有寫品飲筆記時，嘿嘿～～這是炫耀啊～

協會酒
The Scotch Malt Whisky Society（簡稱SMWS）

—

創辦於1983年的蘇格蘭麥芽威士忌協會，剛開始是由一群不滿足於喝一般款的老饕所組成的，他們直接跟酒廠取得單桶的威士忌，在裝瓶時不標示酒廠名字的前提下，除了喝到原汁原味，也讓老饕們得到盲飲的樂趣，一路發展至今。如今，SMWS更像是獨立裝瓶商的角色，提供這樣的酒給初學者喝，或許會嫌棄沒有大品牌、原酒太辣，然而，SMWS的每一瓶酒都是獨一無二的，喝過很難再重複同一支酒，給懂酒的老饕喝，會樂在其中。

慕赫16年單一麥芽威士忌
Mortlach 16yo

—

慕赫的2.81蒸餾號稱是全世界最複雜的蒸餾工序，六只不成對的蒸餾器，將分別做出二次到四次的蒸餾酒心混合在一起，威士忌大師——查爾斯・麥克萊恩Charles MacLean形容它的風格是「肉味（Meaty）」，想像切開一大塊五分熟的肉，流出的肉汁充滿動物性的鮮味。慕赫的Meaty就是這樣的風味。這支酒最適合跟工程師友人一起研究2.81蒸餾，或是跟肉食主義者一起大塊吃肉、大口嗆酒。

三得利 山崎12年單一麥芽威士忌

The Yamazaki 12yo

—

當大多數人喝日本威士忌的理由是因為它很潮、它很貴、它一瓶難求，並盲目地稱讚它很好喝時，這時候我們還是向對威士忌有情懷的愛好者端出日本威士忌，那我們跟別人有什麼兩樣？是不一樣的。我們要一邊喝山崎，一邊研究它一廠抵百廠的那十六只大小形狀截然不同的蒸餾器形式，我們要讚嘆它的酵母菌研究，我們要欣賞它對於乳酸菌介入的卓越控制，我們要感謝它找到了北海道獨特的水楢橡木來陳年威士忌，我們要對擅長精準而注重細節的日本精神保持敬意，還有對首席調酒師追求極致的職人文化敬畏。

03

Choice

沃特福月神1.1 生物動力法

Waterford Luna 1.1 Biodynamic

—

什麼是生物動力法？那是歐洲人的農民曆嗎？我以為只有葡萄酒的世界才有生物動力法？原來這是全世界第一支生物動力法的威士忌，真是開了眼界！生物動力法亦稱自然動力法，它是葡萄酒界正流行的觀念，製酒師將其移植到威士忌上，不只新潮，更顛覆了原本蘇格蘭威士忌不太重視原料產區的傳統，位於愛爾蘭的沃特福，用月神這支酒向全世界的威士忌產業開了第一槍，未來是否從此風起雲湧呢？相信我們茶餘飯後的話題，會因此多了對於威士忌產業未來變化的憧憬。

04

Choice

COLUMN

威士忌裡的台灣氣味

　　學習威士忌只能從西洋的風味輪來記憶風味嗎？其實在台灣人的味蕾記憶中，有不少關鍵字能與威士忌做連結，像是植物花果、辛香料，或從小吃到大的料理或醬味等，透過品飲，把這些關鍵字蒐集起來，時間久了，就能成為你個人專屬的風味資料庫。不論是獨酌細細玩味，或和朋友喝酒暢聊對於威士忌風味的心得都會更有樂趣。

風味關鍵字1：水果王國

味蕾記憶

小時候出生在彰化一座專門生產蜜餞的山旁，那座山種植滿滿的楊桃，當楊桃轉黃成熟時，空氣中飄散的楊桃味，每次走過都讓人垂涎。後來隨著家人搬到台南，每到夏天，爬上路旁果樹摘芒果，那是兒時最美麗的回憶，無論是尚未成熟的芒果青，還是已經在叢紅的果實，都是物質匱乏時代的美味佳餚。我的高中同學住關廟，他家裡有一畝鳳梨田，每

到收成季節，一群同學坐著他家的三輪車上山，幫忙採鳳梨，所以我們年紀輕輕就學會了如同資深主婦的技巧，透過敲擊水果發出的聲音去辨識鳳梨的成熟度。住在水果寶島上，從小到大練就了對於各式水果氣味的敏感度，在我開始品飲威士忌之後，才發現這是多麼值得驕傲的事情，威士忌的尋味之旅竟能與自己過去生命中的美好記憶相連結，透過品酩，一再回味。

推薦酒款

☞雅墨Aultmore 21年單一麥芽威士忌（＃柳丁 ＃鳳梨）

雅墨21年這支酒好好喝，它一系列的威士忌從不以酒色深邃取勝，而是以美好的風味贏得人心。年輕的雅墨展現的是橡木桶的氣味，像是香草、太妃糖之類的香甜，21年則蘊含成熟的水果香，或說是水果糖，屬於在檯紅的成熟之美。而且這家酒廠的辨識度極高，在一堆迎合大眾市場的雪莉桶威士忌中，它那淡雅的金黃色酒液所展現出來的風味一點都不媚俗，盈盈獨立。

—

☞蘇格登Singleton醇金13年單一麥芽威士忌
　（＃香蕉 ＃百香果 ＃紅心芭樂）

法國葡萄酒中有一種我非常喜愛的酒品，而且酒窖裡也藏了不少，卻很少喝它，那就是貴腐葡萄酒。它多半產自蘇甸區，是充滿花香和果香的白葡萄酒，由於貴腐菌的介入，讓收成後的葡萄水分變少直到濃縮，釀成甜分極高、花香四溢的珍貴葡萄酒，正因它花香四溢，葡萄採收時，有蜜蜂與蝴蝶滿天飛舞的奇景。這支蘇格登就用了貴腐甜白酒桶換桶熟成，它的花香與果香一部分來自原本的天生麗質，另一部分則是貴腐酒的加持。

風味關鍵字 2：愛吃辣

味蕾記憶

你愛吃的麻辣鍋是偏麻？還是偏辣？吃辣這件事情不曉得在什麼時候，竟變成了全民運動，身邊認識的每一個人都愛吃辣，唯一的差別是小辣，大辣，還是超級辣。因此，當有朋友皺著眉頭跟我描述威士忌喝起來很辣時，一時之間，我似乎不能馬上理解，對於這塊全民吃辣的土地，竟然有人覺得威士忌會太辣？威士忌中的酒精濃度賦予舌頭上味覺受器的刺激感，形成了辣味的感受，人們對於高酒精濃度的適應是生命中不可承受之輕，然而，威士忌中其他豐富層次的辣感卻是美味的來源，就像麻辣鍋的椒麻香，是具有層次的美感。蟲桶冷凝造成的胡椒味、歐洲橡木桶造成的丁香味、肉桂味，這些微麻微辣的氣味，正是在威士忌的香甜口感中，畫龍點睛的美味呢。

推薦酒款

☞泰斯卡Talisker Storm 單一麥芽威士忌（#胡椒味 #豆蔻）

若有人說想體驗威士忌中的胡椒味，我第一個想到的就是泰斯卡威士忌。早年泰斯卡在市場上只有10年裝瓶的時期，泰斯卡10年似乎是贏得最多大獎的蘇格蘭威士忌，它那獨特卻不過度的泥煤炭味，因為U型林恩臂迴流造成的細緻酒體，還有蟲桶冷凝造成的胡椒味，都讓這家酒廠的威士忌如此不同凡響。風暴Storm這支威士忌一上市，顯然加大了它個性的力度，以麻辣鍋來比喻的話，傳統泰斯卡10年是平衡度極好的小辣，而風暴算是加強版的中辣，不拿它來搭辣味，豈不可惜？

—

☞百樂門 Benromach 12年 Cask Strength（＃黑胡椒 ＃肉桂味）

百樂門的產量小，一直以來都是一家被低估的酒廠，但它有著帶著美麗辛香料風味的雪莉桶，極其淡雅的高地泥煤煙燻味，酒體厚實，我懷疑它之所以沒被大眾高調地認識，有一部分原因肯定是那些老饕的私心。這支12年的原桶強度小批次生產，擁有高濃度的酒精感，若你的麻辣鍋不夠辣，這支酒先幫你辣一波～當然，這麼說是講給那些只喝過40度威士忌的初學者聽的，對於老饕來說，原桶強度的酒精濃度不僅不辣，還是濃得化不開的小甜心呢！

風味關鍵字3：醬香味

味蕾記憶

我常在威士忌中嚐出梅干扣肉的味道，甚至偶而會飄出芝麻燒餅夾五香醬牛肉的味道，往往就會忍不住再多喝一口。醬味和威士忌的製程有一部分的相似，威士忌在發酵過程製造出所有味道，而蒸餾的製程，是萃取出製酒者想要的味道，醬味就是發酵的味道之一。先前拜訪屏東豆油伯醬油工廠，品嚐了它們使用不同的大豆原料，實驗了不同的發酵手段，造就那細微的醬油風格差異，雖然製程的改變只有一點點，對我們味蕾所能感知到的氣味卻有清楚的差別。

那次拜訪醬油工廠老闆娘時，我帶了幾種不同風味的雪莉桶陳年威士忌，那是我過去經驗中能與醬味比肩的威士忌風味，等品嚐完老闆娘給

我嘗試的各式醬油後，我才發現自己小看了醬油的風味譜，美好的醬味不是只能PK雪莉桶風味而已。

推薦酒款

☞**格蘭哥尼18年單一麥芽威士忌**（＃薄鹽醬油）

上次拜訪格蘭哥尼酒廠時，在遊客中心的調配室中，意外發現人們以為格蘭哥尼的雪莉桶很好喝，沒想到，它們的波本桶更好喝！格蘭哥尼的雪莉桶帶著淡淡的醬味、鹹味，所以每次品飲時，腦海中會偶爾浮出「薄鹽醬油」的畫面。Covid-19疫情期間，讓我在家精進了自己的廚藝，滷腱子心是我的拿手菜，沾醬用剁碎的蒜末加上薄鹽醬油製作，這道菜不只下飯，也是搭威士忌的良伴。

—

☞**噶瑪蘭KAVALAN層豐雪莉三桶單一麥芽威士忌**（＃花雕味）

或許是因為台灣這塊土地能使威士忌快速熟成的關係，我會將噶瑪蘭威士忌歸類為濃醇香的重口味路線。用了三種雪莉桶Oloroso、Pedro Ximénez、Moscatel來熟成，使得這支酒多了一股花雕味，花雕是紹興酒的一種，它的味道彷彿與雪莉酒有那麼一點異曲同工之妙。如果你走進超商或超市，到泡麵區找找台酒公司出的「花雕雞麵」，打開包裝，它會附上一小包液體，那就是拿來料理的花雕酒了。嘗試一邊吃泡麵，一邊喝著噶瑪蘭，試看看和花雕味合不合吧～

🪨 風味關鍵字4：海風

味蕾記憶

還在台南讀高中時，我迷上了釣魚，當時會特別去找靠近海邊淡鹹水的溪流交會口，從那裡釣上來的台灣鯛不會有魚塭裡的土味。週末釣了一整天的魚，回到家，身上總是有種說不出來的海味，如果舔一下皮膚，甚至可以嚐到淡淡的鹹味。同樣是海島的蘇格蘭，許多的威士忌酒廠座落在海邊或是海港，建造在海邊儲放威士忌的酒窖，橡木桶日復一日呼吸著海風，可以感同身受，那些威士忌也有著跟我身上一樣淡淡的鹹味。科學家信誓旦旦地說，在橡木桶熟成的過程中，鹽分不會跑進橡木桶裡，然而，我們卻能清楚地感受那海風的氣味，只能說威士忌的美，只有一半是理性的科學，另一半是無以名狀的魔法。

推薦酒款

☞富特尼 Old Pulteney 12 年單一麥芽威士忌（＃焦糖海鹽）

這支酒在酒標上寫著「The Maritime Malt」，擺明就告訴你，我是支有海味的威士忌。拜訪過這家酒廠才知道，它座落在海港旁，一個名叫 Wick 的小鎮，曾經是全球捕撈鯡魚的重鎮，在它的酒窖中似乎還能聞到淡淡的鹹味，它也是蘇格蘭高地極北的酒廠。

嘿～我記得第一次愛上這支酒，不是因為海味，而是它迷人的甜味，有種小時候吃西瓜的記憶，母親會在西瓜抹上淡淡的鹽花，據說這樣西瓜吃起來比較甜，或許正是如此，富特尼的焦糖海鹽深得我心。

一

☞雅柏Ardbeg10年單一麥芽威士忌（＃海水碘味）

談到海味，沒有一家酒廠比雅柏更適合當代言人了，它位於威士忌迷的
朝聖之島——艾雷島，更是艾雷島上最重度的煙燻泥煤味，那沾染過海
水味的泥煤炭，把麥芽燻出無可取代的氣味。

我有三次的艾雷島旅行，卻沒有進入這家酒廠，只是在海上遠眺著它，
看到那新蓋好的蒸餾室落地窗往外推開，讓海風吹進室內，而裡頭的工
人正忙碌著。威士忌的美味有那麼多複雜的因素，誰知道那扇敞開的
窗，給了我多少海洋氣息的想像。

風味關鍵字5：蔥薑蒜

味蕾記憶

台灣人做菜時，有一個很重要的步驟叫做爆香，先熱鍋熱油，下蔥薑
蒜，瞬間香氣四溢，再丟青菜下去炒，簡單的炒青菜因為爆香，一道菜
就變得不平凡。威士忌中的蔥薑蒜則是橡木桶當中萃取出來的辛香料氣
味，幽微但是十分重要。美洲橡木桶熟成過程中，會給予威士忌香草冰
淇淋和海綿蛋糕的味道，歐洲橡木桶的木質細胞壁較薄，熟成後會萃取
出較多的辛香料味，像是薑、胡椒、肉桂、豆蔻的氣味，雖說較多，但
相對於麥芽威士忌的味道，這些辛香味的味道仍是隱晦和輔佐的氣味，
就像做菜過程的爆香，讓威士忌嚐來香甜之外，更多了複雜而有層次的
美感。

推薦酒款

☞百富 The Balvenie 14 年 Caribbean cask 單一麥芽威士忌（＃薑末味）

威士忌當中藏著許多隱晦而幽微的氣味，特別是辛香料的味道，在威士忌主軸的麥芽甜香、太妃糖、熱帶水果味、巧克力、咖啡等味道之外，更增加了威士忌風味的複雜度。許多人誤以為薑的味道在威士忌中展現出來的是辛辣刺激的氣味，其實不然，那是更抽象的氣味，用做菜過程中的「爆香」來形容恰到好處，這個動作為一道菜畫龍點睛，而百富的蘭姆桶神奇地也讓我品嚐到類似的風味，換桶熟成的桶陳時間不會太長，給予威士忌風味的改變應如淡掃蛾眉，也是幽微之美啊！

—

☞慕赫 Mortlach 16 年單一麥芽威士忌（＃嫩薑味）

慕赫酒廠有著獨特的 2.81 蒸餾，讓人們記住了它的「肉味（Meaty）」風格，但是一套獨到的蒸餾法不是為了僅製造出某種單一風味而已，至於所謂的 Meaty，也是西方威士忌大師神來一筆的抽象描述，我每次品飲慕赫時，其實都能得到許多不同的感受。

慕赫 16 年在它豐厚的酒體中，也因活躍的辛香料風味而顯得迷人且多層次。可以想像嗎，過份單純的味道喝起來會有點「傻」，而複雜的層次讓威士忌嚐起來更有「智慧」。

◼ 風味關鍵字 6：茶香

味蕾記憶

在兒時記憶中，父親每日寫書法的大桌上總有一壺剛沏好的濃茶陪伴他，那是我小時候喝過一口便不想再嘗試的苦韻。長大後，身為一位在人們心目中味覺靈敏的品飲者，加上茶酒不分家，有幸認識了許多製茶者與老茶收藏家，遍嚐茶中珍茗，不管是紅茶、綠茶、青茶、白茶、黑茶、黃茶，無役不與，也因此理解到茶道世界的博大精深，體會了茶中追求的和諧與平衡，正與威士忌不謀而合。還記得台灣南投酒廠的 Omar 威士忌還未上市前，我收到製酒團隊寄給我的樣品，以波本桶熟成的威士忌竟能嚐到文山包種茶的茶香，而雪莉桶熟成的威士忌則有凍頂烏龍茶的茶韻，那些屬於這塊土地的迷人氣味，讓我驚訝又感動。茶香同時擁有植物系和木質系的氣味，在威士忌中也是十分迷人的味道。

推薦酒款

☞安努克 AnCnoc 12 年單一麥芽威士忌（＃四季春茶半糖少冰）

這瓶安努克給予我的感受是綠茶氣味，之前我訪問連續 6 年拿到 IWC 全球最佳首席調酒師的 Stephanie Macleod，順道帶了些台灣茶葉和她分享，我們都在波本桶熟成的威士忌中發現到綠茶香氣，紅茶香氣則往往藏於雪莉桶之中。在威士忌中發現讓人驚喜的香氣，其實一點都不該大驚小怪，最近在研究精油的另一半向我分享，對於研究精油的人來說，所有的香氣背後都有對應的化學分子式，科學家用這樣的方式來定義芳香物質的結構。當威士忌的複雜風味中出現和茶香一樣的芳香分子時，我們同樣能感受到，重點是，我們自己必須鍛鍊出能幫香氣抽絲剝繭的嗅覺能力。

一

Omar 單一麥芽威士忌－雪莉果乾（＃烏龍奶茶微糖去冰）

第一次收到南投酒廠寄來他們首批威士忌的作品，就讓我嚇了一大跳，除了做得很好之外，明顯帶著茶香，是屬於這塊土地的氣味，其中這款「雪莉果乾」有凍頂烏龍茶的茶香，還帶著些許奶味。一直以來，我對於威士忌能呈現出風土的迷人特質十分陶醉，酒液緩緩記錄下土地氣味的過程神秘又讓人著迷。威士忌裡的茶香可不是泡茶或額外添加的結果，這一切都是時間的產物，透過與存在的環境呼吸而來，咦～說起來，好似在描述「修道」一般啊！

風味關鍵字 7：木質調

味蕾記憶

奶奶家的舊衣櫥、新鋪的地板、空的雪茄盒、森林中躺在地上潮濕的木頭，木質的氣味變化多端，好似千面女郎。還記得有一次拜訪宜蘭傳藝中心，逛至製香所，想起母親有在家燒香的習慣，決定買香送母親，殷勤的服務人員不厭其煩地將不同的香燃給我試聞，當下大開眼界，那些由各類木頭磨成粉製作的香，有杉木、檀木、水沉木、香柏、奇楠木，每一種木粉燒出來的氣味截然不同，或濃郁，或奔放，或溫潤，或清幽，有趣的是，陳年的木頭所燃燒出來的氣味特別細緻悠遠，其香氣與陳年的威士忌竟有異曲同工之妙。

推薦酒款

☞格蘭利威 The Glenlivet 15 年 Cask Strength（＃沉香）

這支15年的格蘭利威原桶強度是台灣限定版，100％雪莉桶讓酒液深邃到無以復加，使用硬水介入製程的格蘭利威，本質就蘊含花香調，但經過厚重的雪莉桶桶陳15年之後，這股花香調轉化成木質調，這種變化真的很美～喝一口，深呼吸，彷彿在自己的味蕾上蓋了一座寺廟，飄起了陣陣的伽羅香。

—

☞樂加維林 Lagavulin 16 年單一麥芽威士忌（＃人蔘味）

「喝過樂加維林的人才懂得人生」這並不是一句警世金句，哈～而是樂加維林威士忌中有一股獨特的木質調氣味，而它在口腔的尾韻中，殘留下來的是一股「人蔘味」，這股味道難以說明，喝過才懂。這家酒廠很狂，為了搭配其厚實的酒體，基本款就是16年，來自艾雷島的煙燻風味，卻是如此與眾不同，或說樂加維林的人蔘味是特立獨行的人生。

風味關鍵字8：原住民香料

味蕾記憶

我們活在味覺幸福的時代，在人類過往的歷史中，鹽和糖品都是奢侈的調味品，而辛香料的價格更曾經與黃金等價，胡椒、馬告、肉桂、八角、豆蔻、刺蔥、香茅、花椒等，各式不同的辛香料在日常生活中可隨意使用，甚至於在地化和減碳的風潮中，許多的米其林餐廳也努力運用在地食材，那些過去在常民餐桌上熟悉的氣味，現在也躍上米

其林的餐桌，成為精緻時尚的元素。氣味沒有好壞，能讓我們身心感動的即為美。

推薦酒款

☞汀士頓Deanston 2002 Pinot Noir Finish（＃香茅）

威士忌世界的用桶越來越精采，這支威士忌用了法國香檳區產的黑皮諾葡萄酒桶進行二次熟成，造就了特殊風味，個人認為像是泰國餐廳裡的料理常有的香茅氣味，其實香茅也是台灣原住民會用的香料之一，怪不得有種熟悉感。以前喝威士忌，只要研究威士忌，但現在喝威士忌，還要研究葡萄酒才行，各種特殊桶的風味拓寬了我們的想像力。

—

☞波摩Bowmore 18年單一麥芽威士忌（＃甘草 ＃甜菊葉）

波摩酒廠的No.1酒窖低於海平面，而正位於海邊的這座酒窖每天呼吸著海風，吞吐著海洋的氣息，潮濕的空氣也將威士忌蘊釀出獨特風格。帶著雪莉桶風味的波摩18年，其木質調帶著些許生澀的草根味，像是甘草，也像是人蔘。海風似乎帶給波摩的不是鹹味，而是更多的甜味，這樣的甜不簡單，是種飽含煙燻味的深邃。

🪨 **風味關鍵字9：甜香漬果**

味蕾記憶

小時候出生在彰化，直到國小四年級才搬家，員林的蜜餞是從小的味蕾記憶，百果山旁種植了滿滿的楊桃，糖漬楊桃汁、青梅、話梅、化核應

子、辣橄欖、芒果乾、洛神花、仙楂，這些都是我生命中鮮活的記憶。而在威士忌和葡萄酒當中，經常可以嚐出糖漬果乾的氣味，也就是台灣人俗稱「鹹酸甜」的蜜餞，在品飲過程感受到的味道，將自己童年美好的記憶聯繫在一起，對我而言，威士忌就像是時光隧道的鑰匙，通過味覺的渠道，開啟跨時空的穿梭之旅。

推薦酒款

☞ 麥卡倫18年Double Cask單一麥芽威士忌
　（#葡萄乾　#油漬橄欖　#仙楂）
聽說麥卡倫為了佈局下一個世代的威士忌輝煌，也為了奠基別人無法趕上的實力，買下西班牙多個桶廠，更買下西班牙最好的雪莉酒莊，讓麥卡倫永遠有最好的雪莉橡木桶能儲存他們的威士忌。

Double Cask叫做雙桶熟成，兩種桶熟成完整的18年，再將其融合在一起，哪兩種桶？一種是美國白橡木雪莉桶，一種是歐洲紅橡木雪莉桶，或許稱之為雙桶雪莉更恰當呢！

—

☞ 皇家柏克萊Royal Brackla 21年單一麥芽威士忌
　（#糖漬櫻桃　#紅酒燉梨）
這支皇家柏克萊21年由IWC最佳首席調酒師的Stephanie Macleod操刀，她選用三種雪莉桶換桶熟成，包括Oloroso、甜美果乾的Pedro Ximénez，以及珍稀的Palo Cortado，共同熟成出美麗極了的風味，我不想用過份通俗的語彙來褻瀆這支作品，借用首席調酒師的Stephanie親自形容這支酒的風味「Summer in the glass」，稱它為杯中之夏，啊～真是太美了！

執杯大師的
新・12 使徒

Twelve Apostles

——

繼《尋找屬於自己的 12 使徒》後，Steven 再次集結「新・
12 使徒」，你可以從中看到製程的精細、因「意外」而生的
夢幻氣味、職人的工藝之心、重視製酒原料的思考、突破
慣性思考的發酵時間……，再次刷新品飲觀念。

1

――― 第一位使徒 ―――

謎底

波摩 Bowmore 25yo

#當瑕疵的美成為雋永

....

　　波摩 Bowmore 是我這幾年特別喜愛的一家酒廠，它位於蘇格蘭的朝聖之島――艾雷島，島上大多數的單一麥芽威士忌都以波本桶為主，但波摩很難得的是以雪莉桶為主，海島型的泥煤炭味跟雪莉桶融合的獨特氣味，是在其他酒品中不易體驗得到的。

　　近期我去了三趟波摩酒廠，跟他們的酒廠經理 David Turner 有深入的對話。在過去，人們認識波摩，都是因為早期的一個傳奇氣味：「皂味」。但是對於皂味的來源，始終是個謎，也是大家為之著迷的特質，而且近年來，大家發現這個皂味居然不見了。眾多威士忌愛好者當中，一直存在著「老酒比新酒好」的價值觀，他們覺得「皂味」才是這家酒廠的王道，因此認為新酒沒有以前那麼好了。

🍷 製程瑕疵而生的皂味，令老饕們難以忘懷

針對這個問題，我最近一次拜訪波摩酒廠時，特別問了酒廠經理David Turner，他表示，老波摩的「皂味」源自1982至1989年間，那時全蘇格蘭大部分的威士忌酒廠都未發展單一麥芽威士忌，絕大多數酒液都是作為調和式威士忌的基底。當時為了增加產量，設定的發酵時間太短，蒸餾速度過快，以及當時所使用的雪莉桶未仔細挑選，使用了一些帶硫味的雪莉桶，意外形成「皂味」。之後換了新廠長，他們把波摩的風味調整過來，以更完整的蒸餾工序去除這味道。David Turner說，目前的新酒無皂味，現在以熱帶水果風味為主的波摩，才是這家酒廠該有的味道；80年代的短暫現象，其實是因製程瑕疵而生。但人們總會記著那些特別的，就像一張郵票有缺角、有瑕疵或是印反了，人們就會將它視為收藏品一樣。

老實說，我很早以前就接觸過波摩，早期那股強烈的皂味，其實是無法與威士忌風味相平衡的，喝起來甚至讓人有點難以承受。沒想到，當時瑕疵的皂味經過長時間熟成之後，卻轉化成香水味，產生更高雅、層次多元、變得迷人的氣味，我相信這也是為何許多威士忌老饕追求老波摩的原因。威士忌酒廠有時會刻意在新酒中保留些許雜味，在酒液年輕時或許不順口，但經過長時間熟成，雜味會產生複雜且有層次的風味。所以，喝威士忌常讓我覺得，對於一些事物不能夠太快地蓋棺論定，時間通常會解決問題的，波摩的「皂味」給了我一個關於生而為人的反思。

波摩獨特的熱帶水果風味來自幾個製作環節，酵母菌就是首要關鍵。製作威士忌時，一般會使用一至兩種酵母菌，一種是啤酒酵母菌，另一種是蒸餾廠酵母菌。啤酒酵母菌會產生上層的風味，而蒸餾廠酵母菌則發酵出

下層、厚實的口感。波摩同時使用了兩種蒸餾廠酵母菌，在不同時間啟動發酵作用，全程共需72個小時的發酵時間。有趣的是，他們幫這兩種酵母菌取了很女性化的名字：凱莉和莫莉。當我站在古老木製發酵槽旁，聽著他們描述這兩個名字時，也不禁笑出聲來。一般總認為工業化、標準化流程的製作常會缺乏人性，但每每去拜訪蘇格蘭威士忌酒廠，他們對待威士忌反而是投注更多人性。審美的標準是一種感性，絕對不是單純的理性，想做出美好的威士忌，感性與理性是必須兼備的。如果純粹只以理性來製作威士忌，那我們不用把酒液交給人或老天爺，交給質譜分析儀這類精密儀器就好了。

🍷 冷煙緩慢流竄造就波摩的果香氣息

　　除此之外，波摩製程的另一迷人之處：蘇格蘭僅少數仍保有的「地板發芽」。若你有機會參觀波摩酒廠，千萬不能忘了去親自感受。這完全倚賴手工程序，必須一天24個小時、每4個小時翻動一次大麥，才能讓它在發芽過程當中，不會因為溫度過高而將底層麥芽悶壞了，所以它是一個手工活。當大麥出芽之後，若想要停止發芽，就要透過當地的泥煤炭去燻烤。

煙燻過程就是下一個造成波摩特殊風味的重點：長達10個小時的低溫冷煙煙燻法，燻出25ppm的泥煤炭濃度。這和抽雪茄的概念滿類似，許多剛開始嘗試抽雪茄的人常出現錯誤的吸吮方式，過度大力的吸吮會使得雪茄煙頭的200°C高溫灼燒煙草，這時你吸到的是熱煙，像是焚燒稻草、乾草的焦油感、刺鼻味道，完全無法感受到抽雪茄的美好之處。但如果用最緩慢的速度吸吮，讓冷煙穿越雪茄中心再進入口中，就能體驗到陳年雪茄各種不同的水果風味。所以，為何新的波摩有熱帶水果風味，就在於這低溫冷煙煙燻法，完全不開抽風扇，讓冷煙緩慢如巨龍般在麥芽當中流竄，造就了波摩的果香味特色。再加上林恩臂向上斜的細頸蒸餾器，造成酒液更容易迴流，如此蒸餾蒐集到的氣味，就會是更輕盈的花香調、果香調，呈現出濃郁的熱帶水果風味。

上次去參訪波摩，和酒廠經理David Turner相談甚歡，他特別在試飲時倒了一小杯New Make（麥芽新酒）給找，讓我和不同橡木桶陳年的波摩威士忌相互對話。在那樣的新酒之中，可品嚐到花果香，水梨、水蜜桃的香氣濃郁，非常乾淨清新，也造就出熟成過程中產生更多的水果味道。David Turner說，現今年輕的波摩威士忌多半出現果乾、篝火味，隨著時間陳年，會出現我形容的「生物還原法」：從果乾味逆向出現新鮮水果、百香果或水蜜桃、哈密瓜的風味，陳年更久的波摩甚至轉化為香水味。這次去酒廠，買了兩支波摩25年回來，因為它是我心目中完美的老波摩；一支調和了部分1980年代的老波摩，帶有皂味，當成對於過往的一種緬懷；另一支是1996年、酒廠限定的無皂味25年，喝來如此迷人，滿嘴的百香果、哈密瓜、水蜜桃風味，木質調香水一般的煙燻味仍保留著，這些製程上的諸多堅持，完美造就出波摩威士忌獨樹一格的風味。

2

─── 第二位使徒 ───

創新
The Clydeside New Make
#無須桶陳也很好喝

方才提及的波摩，過去曾隸屬於Morrison Bowmore集團，在1994年被日本三得利集團買下，之後Morrison家族仍保有一些裝瓶廠。新一代的Morrison家族成員認為傳承多年的威士忌工藝不應就此消失，於是他們打算重新建立一家新酒廠，Clydeside酒廠便因此誕生。

每每品飲老酒廠的威士忌時，我們思考的可能是「傳承」；而品飲一些新酒廠生產的威士忌，我們多半會想到的是「創新」。即使是一個老家族的新酒廠，我們要研究的是其中的創新思維。如果只是試圖複製出過往的風味，對於「復興」一事就頓失意義了。而Clydeside酒廠做出來的威士忌，讓我感覺不僅帶有蘇格蘭威士忌未來的新思維，甚至可能會影響到未來的蘇格蘭威士忌產業。

目前大多數的酒廠，都會開始思考「綠能」、「再生」、「碳排放」，因為這是全世界的趨勢。「碳足跡」、「在地化」都是他們主要思考的內容，所以

Clydeside 酒廠採用來自當地國家公園的水源，並且向七個在地契作小農購入大麥。蘇格蘭很多威士忌酒廠都採用國際採購模式，跟全世界各個大麥生產國購買原料，像是英格蘭、北歐、澳洲等國。但是現在有越來越多小型酒廠，因為他們需要的量比較少，而且大多以「在地化」為訴求，所以原料都是使用在地契作的小農大麥，並且和當地的發麥廠合作。

　　台灣的金車噶瑪蘭 KAVALAN 威士忌酒廠一開始創立時，經理人都是外行人，所以他們請了國外最有名的大師來協助噶瑪蘭威士忌酒廠的建立，那位大師就是已經逝世的 Jim Swan，而 Clydeside 也是請到 Jim Swan，協助他們制定橡木桶策略。

🍷 影響蘇格蘭威士忌產業思考模式的 Clydeside

　　為什麼我會說 Clydeside 這家酒廠的製酒工藝，未來會影響整個蘇格蘭威士忌產業的思考模式？因為他們有個與傳統酒廠截然不同的觀念。在威士忌的世界裡，真正能代表酒廠精神的是「酒心」，也就是透明的麥芽新酒，而橡木桶就是幫這個透明酒心「著裝」。酒心都是於蘇格蘭在地生產，而且每家酒廠的製程不一樣、蒸餾器長相不一樣，酒心的風格自然不一樣，代表著百分之百的蘇格蘭風格。至於橡木桶的來源，波本桶來自美國、雪莉桶來自西班牙、波特桶來自葡萄牙，現在還流行龍舌蘭桶，來自墨西哥，蘭姆酒桶來自加勒比海，所以現今的桶子來自於世界各地。蘇格蘭人為了做出他們引以為傲的蘇格蘭威士忌，重點不是用了來自哪一國的酒桶，而是自家酒廠生產出來的麥芽新酒是什麼風格，這才是最核心、最重要的。

對他們來說，過去蘇格蘭威士忌所取的酒心，多半是取72到62度之間。為什麼要這麼做呢？它儼然成為整個產業當中的基本思維，甚至沒有人懷疑過這件事的對錯與否。如果你進一步問，為何酒心要取到62度？因為再往下取，味道就會不好了。蘇格蘭人想要取的酒心是「沒有不好的味道」的範圍。而Clydeside這家酒廠，他們要做的是──我不再只是「沒有不好的味道」，而是取「最好的味道」的思維，這徹底顛覆了傳統威士忌產業的思考模式。他們在酒心上的取法，是擷取76到71度這段，而這樣的酒心，油酯很夠、蠟質明顯，最特別的是有滿滿的草莓味、水果味，同時充滿花香味。我拜訪酒廠時品飲他們的酒款，酒液一入口，與我同行的威士忌老饕朋友，他拍著桌子說：「這樣的酒，不用進橡木桶陳年就很好喝。」這個就是所謂「最頂」的酒心了。

🍷 量少而質精，回歸威士忌的本質

這有點類似我們思考布根地葡萄酒的價值，在布根地葡萄酒的分級裡，特級園Grand Cru就是最頂級、最少量的，保證它的品質一定是最高的。雖然每家製酒者的風格不一樣，但是至少它是最專注的、產量最小的，因為他們只做最好的酒。相對來說，布根地的區域分級僅代表該地區風格而已，所以它的產量可以變得比較大，風格不那麼專一，好入口即可，這兩者之間的思考，是截然不同的。所以Clydeside很清楚地知道，自己是一家「精品」酒廠，著重於產量少，如果想要生產出最頂尖的原酒，必須顛覆過往蘇格蘭威士忌產業選取酒心的價值。若回過頭看，酒廠在前段製作中，仍然要做到最好，才能選取出最棒的酒心，因為他們有著必須嚴格遵守的三大紀律：澄清的糖化汁、長時間的發酵、緩慢的低溫蒸餾，若

你熟悉威士忌製程，想必能立刻察覺到，這三個原則便是能製造出最多花果香味的重要關鍵。在前段製程滿足了所有條件，後段才能選取想要的酒心，把最漂亮的花果味呈現出來。200多年前，早期蘇格蘭人喝的威士忌是沒有進橡木桶的，對我而言，Clydeside或許反而是回歸了威士忌的本質，我覺得這是最重要的。木桶不該是多餘的擦脂抹粉，而是成為良好麥芽威士忌的陪襯，這才是未來威士忌該思考的方式，有機會的話，喝喝看Clydeside的New Make，你就能明白我所感受到的那種美好。

3

—— 第三位使徒 ——

顛覆
InchDairnie RyeLaw

#顛覆既有，是為了持續探索

．．．

　在我的著作《尋找屬於自己的12使徒》提及的12支酒，主要是以我自己熱愛的風味來嚴選。這些年來，我感受到整個威士忌產業的百花齊放，所以這次分享的12使徒，更多的是打破了我們過往價值思維的威士忌。拓展我們對於風味想像的廣度，我挑選的邏輯不再是服膺過去的古老價值，例如：老的東西、經典的風味。相較之下，我更想推廣的是這個新時代之中，能夠拓展風味、蘊藏更多可能性的好威士忌。InchDairnie就是我認為的，應該要被推廣介紹的使徒之一。

　事實上，這家酒廠在威士忌產業中也創造了一個別人難以超越、完全顛覆性的新價值思維。而且InchDairnie的老闆Ian Palmer，他本身就是一位製酒者，過往有40、50年的製酒經驗，可謂是專家中的專家，即便它是一家超專業的酒廠，卻沒有被侷限在傳統的架構當中，反而展現出嶄新的思維。

InchDairnie 的三個大膽顛覆

第一個顛覆是，他們先從原料下手。透過查核以往蘇格蘭的典籍，發現到蒸餾酒其實是源自於過往土地的農作物生產過量，因此將剩餘的農作物拿來製酒。以前的人們相當勤儉、不浪費，如果都無法吃飽了，哪還有穀物拿來製酒，所以肯定是善加利用剩餘農作物。像是美國，過去最重要的穀類作物並不是玉米，而是裸麥，也有人稱為「黑麥」；後來由於玉米容易種植，加上政府對農民們的推廣，才改為大量種植玉米。同樣地，裸麥在過去曾是十分重要的經濟作物，在蘇格蘭也不例外。

單一麥芽威士忌只使用大麥麥芽為原料，InchDairnie的製酒者依循過往的典籍，選擇以裸麥為原料，並且找到當地小農契作，同時也使用當地的大麥。此外，他們還顛覆了「產區」，只要研究過蘇格蘭威士忌的人，都知道有低地區、高地區、斯貝區、海島區、艾雷島區，有一些人會說還有坎培爾鎮產區，各種不同的區域劃分。InchDairnie的老闆Ian Palmer，他則是重新定義了「法夫區（Fife）」，法夫區是在低地區右上角的一個小半島。老實說，法夫區已經有五家酒廠。一般來說，某個地區只需設有三家以上的酒廠，就可被定義為完整的產區。事實上在過去，就當地威士忌酒廠的密集度來看，現在法夫區曾經是威士忌很重要的產地，因為他們種植了品質絕佳的大麥和穀類。所以，Ian Palmer希望人們重新看待法夫區，他認為法夫區所做出的威士忌，有別於低地區的風格，所以在InchDairnie的酒標上，不是Lowland Whisky，而是Fife Whisky。

除了原料、產區，他還顛覆了威士忌製程中的「糖化」。蘇格蘭過去使用的糖化槽多半都是圓筒形的萊特糖化槽，在磨好的麥芽粉裡加入熱水，

再將糖萃取出來。攪拌後溶解，透過自然的重力，將水和麥芽粉分離開來，就是一般常聽到的「重力澄清法」，但InchDairnie選擇運用「機械澄清法」的「糖化過濾系統（Mash Filter）」。那是一個外型類似風箱的設備，拉展開來後將麥芽糖汁倒入空間當中，經過持續擠壓，固體殘渣會留存於過濾板上，便可獲得十分乾淨的汁液。別忘了，澄清的糖汁是果香味的重要來源。運用這種機械澄清法，可以透過控制過濾系統的密度，更容易取得澄清糖汁。另一項優點是，有了這種設備，還可以用來處理其他傳統方法難以糖化的穀類，裸麥就是其中一種。裸麥泡水後具有高黏稠度，不易過濾，一般糖化槽根本無用武之地，這也是後來許多蘇格蘭酒廠不使用裸麥的原因之一。

大麥裡的澱粉較多、蛋白質比例較少；澱粉會產生酒精，蛋白質在發酵時會產生出各種不同風味，所以加入蛋白質成分比例較高的裸麥，能讓酒液有機會展現更多種風味。因此，導入這套糖化過濾系統，順利取得裸麥糖化汁，讓裸麥裡更多的辛香料風味融入威士忌製程當中，使得InchDairnie的威士忌有了更多的可能性。

🍷 運用羅門式蒸餾器，蒸餾出單一酒精濃度的酒心

現在聽起來已經很顛覆了嗎？還有更厲害的呢！蘇格蘭威士忌酒廠一般都是使用銅製壺式蒸餾器，採用二次蒸餾的方法；InchDairnie更加特別的是，他們在「再餾」的環節用了一支「羅門式蒸餾器（Lomond still）」。這種蒸餾器是在相當早期的蘇格蘭酒廠曾出現過的設備，目前幾乎已無人使用。羅門式蒸餾器跟壺式蒸餾器有點相像，底部相同、頸部呈現筆直狀態，中

間會像是連續式蒸餾器、放置幾塊層板，當蒸氣上去時，就能透過製程的控制，可以讓其中的某一層維持在穩定的酒精濃度，最後再進行蒐集。前文提過酒心的特性，越前段的酒心的果香、花香味越明顯，越後段則是皮革味越重；運用羅門式蒸餾器來做再餾的InchDairnie，能蒸餾出單一酒精濃度的酒心，大約是72至73度。所以他們的酒心只有單一酒精濃度，會有非常穩定的味道，而且是在前段那充滿花香和果香的香氣。機械澄清法能取得果香味濃厚的糖化汁，再用羅門式蒸餾器萃取出固定酒精濃度的酒心，因此風味固定、品質也固定，這就是他們超厲害、深具顛覆性的製程。

最後，InchDairnie還想要顛覆大眾習慣的美國裸麥威士忌風味，做出蘇格蘭風味的裸麥威士忌，所以未來他們會選擇匈牙利橡木、歐洲橡木，以及來自不同地區的全新橡木桶，甚至使用不同的烤桶方式。裸麥威士忌一樣使用全新橡木桶，卻顛覆了美國橡木桶所帶來的風味，以及蘇格蘭人對於二手桶的想像，因此InchDairnie生產的第一支作品，就取名為「RyeLaw」，重新定義蘇格蘭裸麥威士忌。我初次試酒，就已覺得驚為天人，裸麥帶來的辛香料風味層次分明，新橡木桶則賦予它飽滿的氣味，精準萃取出的酒心竟釋放出哈密瓜風味！哇，真是迷人得不得了，是一款超乎想像、讓人「含笑半步癲」的美酒。「我們選擇做不同的事情，並非為了與眾不同。我們選擇做不一樣的事情，是為了探索，並且創造出不一樣的風味。這款酒，適合喜歡理解新事物和自我探索的人來品飲。」謹以Ian Palmer與我對談時的這段話，贈與所有熱愛探索威士忌風味的讀者們。

4

── 第四位使徒 ──

跳脫
雅沐特 Amrut Spectrum 光譜
#印度人製作威士忌的文化衝擊

目前全世界有三家水準以上的印度威士忌，雅沐特 Amrut 是其中一家。曾經閱讀過 Malt Whisky Yearbook 的人就會發現到，印度威士忌是全世界產量最大的威士忌。以往拜訪過印度的酒廠，我發現印度威士忌大多數都是中性酒精加上色素、香料所做出來的平價威士忌，大部分印度人喝的都是這種威士忌，而且產量巨大到你難以想像，因為印度是全世界人口第一大的國家。但是仍然有一些不滿足於做這般威士忌的酒廠，目前印度有三家真真實實用麥芽做原料，紮紮實實地完成糖化、發酵過程，用「壺式蒸餾器」做蒸餾，再進行桶陳，做出絕佳的好威士忌。我要介紹的雅沐特 Amrut 酒廠，它也顛覆了很多人對於威士忌的想像，因為他們來自於印度。

在印度當地的製酒者，有個最需要思考的問題，就是氣候。因為蘇格蘭位於溫帶，氣候寒冷，絕大多數談到熟成的時候，我們都會說蘇格蘭威士忌會有2%左右的「天使的分享（Angel's Share）」，意即當你蒸餾好酒液，讓它在橡木桶裡頭緩慢地熟成，少量的威士忌會穿過橡木桶的毛細

孔，散發到大氣中。在台灣，威士忌酒廠的 Angel's Share 是 6～8％，比蘇格蘭快很多，因為我們身處於亞熱帶。那麼，比我們更熱的印度呢？他們的 Angel's Share 是 16％，隨時隨地都被那酒鬼般的天使，默默抽走了威士忌，所以在印度，威士忌熟成速率超級快。我曾經擁有一支雅沐特Amrut 10 年的威士忌，價格非常地昂貴，為什麼？因為超過 10 年以上的雅沐特 Amrut，可能已經只剩下酒膏，Angel's Share 的速度太快了。有趣的是，他們幫這支 10 年的 Amrut 取名為「貪婪的天使（Greedy Angels）」。所以，當我們用全球視野來看威士忌的時候，一定要放棄所謂「年份」的迷思，因為在不同地方就有不同的熟成速率，不能單純只用數字來評判一支威士忌的好壞。

雅沐特 Amrut 最讓我驚豔是，他們意識到印度威士忌在熟成上的獨特性。我們常說印度人愛吃咖哩，但事實上印度沒有發明「咖哩」這個詞，咖哩一詞其實是日本人發明的。日本人把印度香料調成自己喜歡的風格，然後稱之為咖哩。印度人認為自己是香料之國，他們隨口就可以告訴你豆蔻、芫荽、胡椒、肉桂、丁香等五花八門的香料風味。對他們來說，多層次且複雜的風味，本就存在於他們日常生活中。

🍷 製酒不只一套做法，能實驗，亦能顛覆

我第一次接觸到雅沐特 Amrut 的首席調酒師 Surrinder Kumar 時，他說的一個觀念顛覆了我。一直以來，蘇格蘭酒廠的首席調酒師都告訴我，他們會用「二稜大麥」來製作威士忌。二稜大麥長得像鞭炮一樣，麥芽外型比較大顆，澱粉質含量比較高。還有一種品種叫做「六稜大麥」，長得有

點像玉米，是六顆長在一起的集結狀態，但麥粒比較小顆，裡面有較多蛋白質、澱粉比例較少。我們都知道製酒的過程中要將澱粉轉換成糖，糖加酵母菌變成酒精，換言之，澱粉質越高、酒精產量就越高，這叫做「出酒率」。在蘇格蘭的製酒者認為好的大麥品種，出酒率必須高，而絕大多數的蘇格蘭首席調酒師都告訴我這件事，我自然認為這是不敗的定律了。直到我認識雅沐特Amrut的首席調酒師，他說：「我們喝威士忌，品飲的是風味？還是酒精？那為什麼不能容忍它有更多的蛋白質呢？」正如同我們談論裸麥時，了解蛋白質越多就比較難處理，因為糖化汁比較稠，卻也變化出更多風味。首席調酒師說的話點醒了我，因為他們使用的是喜馬拉雅山山麓的六稜大麥，有較多的蛋白質，也符合他們的民族性──喜歡多層次且複雜的辛香料風味，他們偏好製造出更多味道，反倒不追求生產出更多酒精的獨特製酒文化。所以，雅沐特Amrut第一步就顛覆了我以往的想法。雖然所有製程幾乎都跟蘇格蘭威士忌酒廠一模一樣，但很特殊的是，他們做出來的威士忌和蘇格蘭就是很不一樣。

印度威士忌的熟成速率比蘇格蘭威士忌快了八倍，加上使用六稜大麥，可以讓蛋白質在發酵中產生更多風味，此外在調配過程中，他們還會把屬於自己土地的民族性放進去。我最喜歡舉的例子就是台南人，台南的滷肉飯比較甜，台北的滷肉飯比較鹹，即使是台灣這麼小的土地，南北飲食文化的差異也如此不同，每個人認為好吃的滷肉飯風格其實是不一樣的。以此類推，即使製程幾乎百分之百地相同，印度人認為好的威士忌風格跟蘇格蘭人認為的絕對不一樣。印度威士忌提供了我們另一種新的思考方向，就是不同民族對於同一件事情會有不同觀點和角度，這就是「文化衝擊（Culture Shock）」。他們不是做很Local的混雜酒液，而是記錄天地人、美好風土的威士忌，同時包含了印度人對於整個世界的看法。

🍷 印度製酒者對於橡木桶的驚人實驗

　　最後，關於威士忌的層次與複雜風味，印度人做了一件也讓我很驚豔的作品，叫做「光譜（Spectrum）」，這支酒顛覆以往人們對於橡木桶的想像。我們知道，用很多不同的橡木桶陳年之後，把酒液調和在一起，就能得到很多不同的風味，聽起來就像調和式威士忌，似乎一點也不困難。但是印度人的想像力不一樣，他們有很多來自世界各國的橡木桶，但是他們把每種不同的橡木桶拆解掉，再取用想要的桶體的木條（Staves），重新組合成非常獨特的橡木桶。每個橡木桶的尺寸大小不一、長度不同，甚至厚薄都不一樣，拆解後再重組就像拼圖一樣，光是想像就覺得它是一個龐大的工

程，完全考驗著桶匠們的功力，而雅沐特Amrut就是全世界第一家做這件瘋狂事情的酒廠，把完全不一樣的橡木條拼成橡木桶，讓威士忌在裡頭熟成。這般特殊限量款，最初版本組合了五種橡木桶：全新美國橡木桶、全新法國橡木桶、全新西班牙橡木桶、Ex-Oloroso雪莉桶、Ex-PX雪莉桶，之後的Spectrum 004也用了四種橡木桶，這樣的毅力以及對於威士忌的實驗精神，是讓我很敬佩的地方。

5

—— 第五位使徒 ——

禪意

瑞典高岸 High Coast 蒙古櫟木

#不急不徐的隱約之美

‥‥‥‥‥‥‥‥‥‥‥‥‥‥‥‥‥‥‥‥‥‥‥‥‥‥‥‥‥‥‥‥‥‥‥‥‥

　　瑞典高岸 High Coast 的主理人 Roger Melander 是位機械工程師，他進入這家酒廠之前，只是一位純粹的威士忌愛好者。但是他把自己對於威士忌的瞭解，融入各種不同的、實驗性的東西，並且做得非常成功，目前他們已經是全世界知名的威士忌酒廠。酒廠位在河流下游，座落於一個河畔旁，後有山、前是水，一個山光明媚的地方，原址本來是個專門製造木盒的工廠，後來由於木業逐漸蕭條，就變成一個嬉皮聚集的藝術村。一群自由奔放的藝術家們在一起，就愛喝酒，突然有人說：「我們為什麼不自己做酒呢？做出屬於我們自己的瑞典之光呢？」於是，就這樣建立起了 High Coast 的前身，一家稱為 Box 的酒廠，呼應曾經製造木盒的過往歷史。之後，再以當地此處河灣為名，改為現在的 High Coast。

　　我去拜訪時，剛好是他們一年一度的威士忌嘉年華。我們一直以為北歐人是很冷靜的，其實不然。我去的時候，發現大家其實都很瘋狂地喜愛威士忌，而且他們是發自內心熱愛威士忌。酒廠為了這個嘉年華聚集很多來

自全瑞典的,甚至有些來自國外的品牌,都在酒廠旁的一大塊空地上,擺了滿滿的攤位,還有BBQ及現場製作的美食,有啤酒、琴酒,各種酒類都來了。他們還請了當地非常知名的搖滾樂手在舞台上表演,大家跟著跳舞,酒廠特別釋出一整桶威士忌,人們就排隊去裝瓶自己喜歡的威士忌,貼上自製的標籤,這是屬於Festival的美好。除此之外,當然還有專業的部份,瑞典人在河邊搭起了一個個帳篷,在裡面舉辦大師講堂。我覺得品飲威士忌,很重要的是除了喜歡喝、愛喝,以及搭配美食之外,還很需要「知識性品飲」。有時候我們並不能透過自己的嗅覺跟味覺,完整地感受到威士忌的風味層次,但若你理解了它的製程,甚至是你對於風味的分析,後續重新回到品飲時,就更能感受到一支酒的美好。如果你想要更深入地在威士忌世界中探索發掘,我認為「知識性品飲」是追求進階時最重要的一個坎。若只是停留在應酬和乾杯的狀況之下,就算你有30、50年的酒齡,對我來說都不算是入門者,單純只是喝得比較多而已。酒量和品飲、理解威士忌的美好,是無法劃上等號的。

🍷 不侷限,製酒與品飲的經緯度越寬廣

這位機械工程師出身的主理人,他到底讓瑞典高岸High Coast這家酒廠有多麼瘋狂?我先從觀察他最重要的一部分開始分享,引你認識這家酒廠威士忌的優點。提到威士忌的陳年,重要關鍵就在於使用的橡木桶,橡木桶的大小會影響陳年速度和風味;橡木桶的形狀、長相也會影響它的風味。像是我們知道500公升的橡木桶有分為兩頭尖尖的Butt,跟比較圓胖的Puncheon,容量相同,若同樣是雪莉桶的話,威士忌倒入熟成後會出現截然不同的氣味,因為接觸的表面積不同,木桶呼吸的方式不同,因而

造成不同風味。再延伸到200公升、250公升，熟成出來的味道也不盡相同，無論是容量、形狀、尺寸都會影響熟成結果。於是乎，我看到High Coast酒廠對於橡木桶做了很多大家難以置信的實驗。一直以來，橡木桶最主要使用來自美國的白橡木，以及來自歐洲的紅橡木，但橡木的品種多如牛毛，所以在High Coast酒廠，我看到他們使用瑞典橡木、匈牙利橡木，還延伸到櫻桃木，包括下文要介紹的蒙古櫟木，取用不同品種的木材做實驗。酒廠主理人本身就對日本威士忌情有獨鍾，日本水楢桶又是近年相當熱門的品項，而蒙古櫟木和日本水楢木更是亞種的近親關係，因此他就取得了蒙古櫟木來製作威士忌酒桶，期待能從中覓得類似於日本威士忌的「禪意」。

這不只瓦解了我們對於橡木品種的淺薄認識，他還做出了我難以置信的，那各種不同尺寸、形狀的橡木桶。在威士忌產業中，我們多半看到的是200公升的波本桶、250公升的豬頭桶、500公升的雪莉桶，還有300或350公升的白蘭地桶、葡萄酒桶，或是50公升的歐提夫桶、125公升的四分之一桶。然而，High Coast酒廠則是自行製作了很多實驗性的桶子，我在現場看到像是長形橄欖球的桶，甚至他們的桶子容量資料還有小數點，更擁有別家所沒有的，形狀和公升數都很特別的橡木桶，就只是為了實驗會熟成出什麼樣的風味。甚至打破圓形、橢圓形的橡木桶既定印象，找了當地木匠，用瑞典橡木做出Cube（方塊形）的橡木桶，光是製作、烘烤等程序上已相當複雜，而且大受歡迎。正因為許多威士忌老饕都不會侷限自己的味蕾，反倒希望探索更多不同的美麗，看了他們做出來的實驗，真的是太驚人了。

🍷 日夜溫差，也會使得熟成速率加快

　　大多數人會認為在高緯度地區製作威士忌，熟成速率應會因為低溫而緩慢，卻往往忽略了另一項氣候條件——溫差。因為瑞典當地的日夜溫差非常巨大，導致他們也有快速熟成的現象發生。他們遵循著蘇格蘭的二次蒸餾，但巧妙運用了溫差大的特點，再加上實驗家的性格，使用不同品種的橡木、不同形式的橡木桶，以嶄新的想法和態度來製作威士忌。我非常期待他們的蒙古櫟木桶，去參觀時，製酒者當場從橡木桶中抽取酒液讓我品飲，他們雖然愛好實驗，但也是嚴謹的工程師性格，他說剛開始陳年時，完全沒有類似日本威士忌的風味，直到兩年多之後，水楢木的味道開始出現，我與他一同品飲的剎那，的確聞到了屬於東方的氣味！在北歐很寒冷的環境之下，製酒者高興地說我是幸運之星，能在試飲時一起感受到那股伽羅香味。其實威士忌當中的許多味道，都是「隱約」、「忽隱忽現」的，並不是很直白的，這也是威士忌所帶來的美好體驗之一。那些難以捉摸的味道，往往是許多製酒者窮盡一生所追求的標的。居家品飲時，一瓶酒不要一次乾完，慢慢品飲，十次中有兩三次能捕捉到虛無飄渺的味道，此生足矣。

第六位使徒

單一

Midleton Very Rare Dair Ghaelach
#專屬自己的，或許才是最佳定位

愛爾蘭威士忌曾經是全世界最好的威士忌，同時也是威士忌的發源地，二次世界大戰之後，蘇格蘭威士忌才逐漸後來居上。二十世紀前期，愛爾蘭的獨立戰爭以及美國的禁酒令，讓愛爾蘭頓時失去了英國和美國的兩大最重要的市場，同時也在世界威士忌舞台上，黯然將王者地位拱手讓人。

兩相比較，蘇格蘭威士忌的二次蒸餾與愛爾蘭威士忌的三次蒸餾，就是相當明顯的差異點。在風味上，蘇格蘭人頗為強調煙燻味、泥煤味，愛爾蘭威士忌反而會著重於乾淨、優雅的調性，不像蘇格蘭那麼粗獷。另外，相比於蘇格蘭的Single Malt Whisky，愛爾蘭有一種叫做Single Pot Still Whiskey，這是什麼意思呢？它指的是，威士忌的原料除了麥芽之外，還會加入一些未發芽的大麥，這樣的大麥會賦予酒體多了一點辛香料、更複雜多元的風味，一切都與未發芽大麥裡的蛋白質有關，這就是愛爾蘭與蘇格蘭威士忌之間的差別了。

威士忌將迎來文藝復興

記得約莫是1990年，我開始喝威士忌時，當時蘇格蘭有一百多家酒廠，愛爾蘭威士忌酒廠僅剩下三家。這幾年，又增加到四十、五十家了。很多人都認為，再過幾年後，愛爾蘭會出現「威士忌的文藝復興」，因為這些酒廠製作的酒，已經開始慢慢釋出，相對來說比較年輕，市場普及率也許還不高，若逐漸增加市佔率之後，愛爾蘭和蘇格蘭威士忌是否還能重新回到雙雄稱霸呢？這是我們要拭目以待的未來。這兩大流派各有特色，而且都將威士忌做得很好，在市場上各有支持者。喜愛細緻優雅風格者，支持愛爾蘭威士忌；喜歡個性飽滿者，會入手蘇格蘭威士忌。而Midleton就是當時僅存三家酒廠時的其中一家，是老派愛爾蘭威士忌的代表之一。

始終堅持著三次蒸餾的傳統，也有Single Pot Still，同時沒有泥煤炭味、屬於細緻優雅的風格，這就是Midleton的特色。我會介紹這家酒廠，是希望大家理解「傳承」和「創新」。要重新認識愛爾蘭威士忌，其傳承的本質是什麼，而認識這部分，就可以從Midleton開始。蘇格蘭威士忌有很多品牌，各品牌都有其單一的樣貌；愛爾蘭威士忌以前也曾有很多品牌，但一些品牌的酒廠已經倒了，然後他們又很「惜情」，都會試圖維持著，導致Midleton這一家酒廠擁有許多品牌。很多人搞不清楚愛爾蘭威士忌的原因，就是因為這些品牌都是來自於同一家酒廠。像Midleton有一個最平價的品牌叫做Jameson，還有一個叫做Redbreast紅馥知更鳥，而他們最高端的一個叫做Midleton Very Rare，我認識的一些老饕朋友，都喜歡喝這個Midleton Very Rare，幾乎每一支都超過萬元以上。

🍷 融入 ESG 概念的在地化威士忌

　　我想推薦的這支使徒，名叫Dair Ghaelach，它擁有來自愛爾蘭威士忌的傳承，你能夠從這個品牌中喝到過去愛爾蘭所有的思想和精神；但同時，你也可以喝到走在最前端的，屬於愛爾蘭的新思維，這就是我想介紹給大家的最主要理由。Dair Ghaelach是一支融入了ESG概念的威士忌，當世界在討論全球化之於所有的國家，真的是正面的嗎？我們開始反過來思考，或許重視「在地化」，對於一些比較弱勢的文化來說是重要的，或是不想受到美國這般強大國家的經濟和文化上的侵略，也不想被好萊塢文化或因為經濟上的理由而失去本身植基於土地的文化，所以世界各國會重新思考「在地化」這個觀念，威士忌世界也同樣思索著。Dair Ghaelach是Midleton使用生長於愛爾蘭的「在地橡木」，自行裁切、製作自己的木桶，熟成出自己的威士忌。

　　我們都知道橡木桶記錄了屬於橡木的風土，舉例來說，同樣在一座山上的橡木，生長於向陽面與向陰面的樹木就有所不同，成長速度不一樣、年輪的排列分佈就不一樣，毛細孔的疏密也不一樣，所以當你把酒倒進橡木桶時，藉由呼吸而形塑出的變化就不一樣，這些都是很明顯的差別。但是，大多數的威士忌酒廠並沒有那麼多力氣去著墨於這方面，我們只是使用不同橡木桶，陳年出不同風味的威士忌，然後調和在一起而已。但Midleton是目前我所看到，全世界第一家威士忌酒廠會思考到每座橡木林，甚至是每一棵橡樹的差異性。目前為止，Dair Ghaelach已經做了五個批次以在地橡木熟成的威士忌，每一次都會選取在愛爾蘭境內的在地橡木林。從每一片橡木林中挑選六棵最好的樹木，每棵樹僅製作一只橡木桶，所以這個桶子記錄了單一樹林、單一橡樹的風格，真的是有史以來第

一次有人這樣製作威士忌。酒標上會標示著1至6的數字，每一桶的酒精濃度皆不同，屬於每一棵橡樹的風味也都不一樣。Dair Ghaelach這個系列是在傳統威士忌價值當中，顛覆所有人觀念的一種創新思維。

這些年來，全世界的威士忌產業，有越來越多人希望能「同中求異」，甚至在一些大家認為理所當然的風味當中，再次尋找全新風味，這就是一種創新的趨勢。許多威士忌酒廠已習慣使用傳統的波本桶、雪莉桶，因為成本較低，可以直接使用別人不要的桶子。當你必須自己去找橡木林、篩選橡木、找工人來裁切、製作橡木桶、自行烘烤，而且還是少量製作，產生的成本必定較高，但是你就能從中找到屬於自己的風味，甚至記錄下屬於這塊土地的美好，我品飲過這款酒，非常地成功。在過去，我們購買的多半是大眾化的酒品，買到的是品牌，告訴自己認同這個品牌；進到這個時代，我們開始收回來、認同自己，要找的是分眾的、小眾的、適合自己且真正喜愛的味道。從調和式威士忌，到單一麥芽，再到單一年份，後來還有單一桶，越來越Unique、小眾，到現在開始追求單一樹林、單一橡樹，酒廠頻頻尋求更細的風味定位，我認為這已是未來的趨勢。

第七位使徒

自然
沃特福Waterford Luna1.1
#順應自然的理想製程

　　沃特福Waterford也是位於愛爾蘭的威士忌酒廠，不過它是2016年才啟動的新酒廠。艾雷島有一家非常有個性的酒廠，叫做布萊迪Bruichladdich，而這家沃特福Waterford就是布萊迪從前的兩大巨頭之一—— Mark Reynier所建立的酒廠。Mark Reynier原本是葡萄酒商，買下Bruichladdich舊廠後，找來了專業製酒的Jim McEwan，共同復興了這個布萊迪品牌。在布萊迪裡頭，有很多實驗性的做法，都是來自於Mark Reynier，因為他仿效葡萄酒的思維，運用在布萊迪上。後來這兩位老闆把布萊迪賣給了人頭馬，Jim McEwan在艾雷島又開了一家新酒廠，Mark Reynier就跑到愛爾蘭建立了沃特福Waterford。

　　我個人覺得，沃特福Waterford比Jim McEwan的威士忌酒廠更有理想，因為Mark Reynier把在布萊迪還未完整化的、過去想嘗試卻尚未實現的，所有理想化的事完全放在沃特福Waterford裡面盡情實驗。而這間酒廠再次顛覆了世人對於威士忌的想像。首先從原料開始。他們和一百多家

的小農進行契作，事前先做土地探勘，再栽種不同品種的大麥。他們為了記錄大麥的風土，將不同農地生產的大麥分門別類地儲存起來，進行獨立庫存管理。生產時，不同的麥芽需要獨立發酵、獨立蒸餾，以及單獨的橡木桶陳，整個系統管理十分複雜。如果你買了一支沃特福Waterford，用手機掃描瓶身的QR Code，就可以知道種植這支酒原料的農夫是誰、用了什麼品種的大麥、威士忌製程、放置在哪種橡木桶裡熟成、放了多久、最後調配成什麼樣子。最後呢，你還可以開啟一個音檔，聽到在麥田中央所錄製的，那片土地的風聲、鳥聲，一邊品飲著美妙酒液，讓你以「五感」來感受到這塊風土的完整故事。不僅如此，沃特福Waterford還有專門的土壤大師，來照顧這片田裡的微生物細節，完全就像是葡萄農的做法，實行在威士忌的原料上。

🍷 第一支採用自然動力法製成的威士忌

像是我介紹的這一支Luna 1.1，Luna是月神，1.1就是這個系列的第一支酒，編號的邏輯和布萊迪很相似。重要的是，他是全世界第一支採用「自然動力法（Biodynamic）」製作而成的威士忌。什麼是自然動力法？它是由一位奧地利科學家Rudolf Steiner所提出的觀念。他研究太陽、月亮跟地球之間的關係時寫下來的曆法，有點像是我們的農民曆。因為地球、月亮、太陽，彼此之間的引力關係會造成所謂的潮汐、氣候、春夏秋冬、暖涼，如果我們能掌握規律週期，人就可以過得更健康、活得更好。既然人是如此，植物何嘗不是呢？所以他們認為，真正的種植不應該用大量除草劑、肥料，或殺死蟲鳥，因為這也會影響到食用大自然物產的人類健康。製酒者認為，我們應該要傾聽大自然，所以出現了這種「自然動力法」。

許多不理解自然動力法的人，都會認為這是一種製酒的「巫術」，甚至不屑一顧。但其實越來越多的葡萄酒農已經在做這樣的事情，而沃特福Waterford是第一個開始遵循這種方法的威士忌酒廠。因為我自己也研究葡萄酒，有一個好朋友就是在做自然動力法，先前拜訪他的葡萄酒莊時，他跟我講述自然動力法，翻開典籍給我看，對於東方人的我們來說已知曉農民曆，其實不會像西方人那麼震驚。春分、秋分、驚蟄等所有的二十四節氣是理所當然的，所以我很開心地聽他分享這些。

他跟我分享三件事，讓我很有感觸。第一個，他們用馬來犁田，而不用耕耘機。因為葡萄樹除了往下紮根，根系也會往旁邊生長。根系是吸收養分的最重要來源，如果使用耕耘機翻土、翻鬆，就會直接把葡萄樹的根鏟斷，失去了吸收的功用，葡萄就會長得比較差。但馬不會，牠會停下來，因為馬是有感覺的，牠犁田時會停下來、會讓開。所以為什麼目前全世界最貴的布根地葡萄酒酒莊──羅曼尼康蒂也用馬來犁田，我曾拜訪過幾次，有幸兩次看到他們飼養很漂亮的馬匹，讓披頭散髮的長毛馬匹幫忙犁田，這其實有其道理，因為越好的東西，你會越在乎經營它的所有細節。

第二個，葡萄藤容易遭受蚜蟲侵害，若不除蟲，很容易就會感染。為什麼他們要在葡萄園旁種植整排的玫瑰花？因為玫瑰花是最容易被蚜蟲侵擾的植物，一看到玫瑰花遭害，葡萄農就知道要小心葡萄了。那怎麼辦？他們用一種很特別的，長得有點像咬人貓的植物來防治，這種植物生長在葡萄園旁的陰暗區域。他們採摘後會曬乾，等待要除蟲前將它泡水，再將水均勻地灑在葡萄藤上，蚜蟲就不會來了，他們用最自然的方式來處理。就像是金庸小說《神鵰俠侶》裡的情花毒，想要找到它的解藥，就是生長在

那花叢畔的斷腸草，要解決蟲害問題的草就長在葡萄園附近。其實，整個大自然界一直有著平衡之道，只是長久以來被人們忽略了。

第三個，自然動力法談的是地球、月亮和太陽之間的關係，我們都知道，人類一定需要太陽，沒有太陽就沒有生長的能量，但月亮也很重要，決定了潮汐變化，更是生物繁衍的最重要能量來源。葡萄的生長能量來源是太陽，繁衍能量來源則是月亮，所以葡萄酒農會從土地裡面取得二氧化矽，就是用來製作玻璃的矽土，磨成粉之後均勻地撒在葡萄園裡。參觀葡萄園時，可以看到葉上有細小的白色斑點，那不是發霉，而是矽土。當月亮高掛，銀色月光灑在葡萄園時，那光線透過矽土反射，每一顆葡萄就受到月光的滋養。

感受來自原物料的自然氣味

這三個屬於「自然動力法」的種植方法，非常讓我感動。而沃特福Waterford的這支Luna 1.1，正是威士忌產業裡第一支嘗試用「自然動力法」製作出來的威士忌。因為它的熟成時間非常短暫，橡木桶對於這支酒的影響力比較低，所以我不打算談它的橡木桶，我自己品飲的感想是，更能感受到原物料在氣味上的差異性。光是沃特福Waterford使用自然動力法的想法與精神，來確認大麥的風土條件的精神，就已經夠令人讚嘆了。

—— 第八位使徒 ——

極致
Clynelish 星星標
#萬中選一的極致之美

講到Clynelish，就要談起另一家酒廠Brora。在高地區，曾有一家很精彩的酒廠，只有一對蒸餾器，它就是Clynelish，製作著風味非常特殊的酒，是通常在老酒裡才會浮現的「蠟味（Waxy）」。然而，Clynelish生產的年輕酒款就可品嚐到這般美好，是屬於這家酒廠的獨特美麗。很多人追求威士忌陳年後的蛻變，而一家酒廠可以在年輕時就擁有老酒陳年之美，以至於這家酒廠相當受人歡迎。1968年，這間酒廠販售的威士忌受到市場喜愛，因此決定擴張產量，在酒廠旁邊選地興建新廠房，是原先的三倍產量，舊廠房則打算關閉，全數遷入新廠區。結果沒想到新廠才剛開始營運，艾雷島突然發生了大乾旱。

🍷 Clynelish 與 Brora 的昔今

過往以調和式威士忌為主軸的市場，泥煤味有一種畫龍點睛的作用，讓

威士忌的味道更複雜、更有層次，產生澎湃的風味架構，而艾雷島又是生產泥煤味威士忌的重點產區。像是Johnnie Walker藍牌之所以會有高級感，就是來自於它淡淡的煙燻味，很像男人抽完雪茄之後，在身上所留下的氣味，所以煙燻味對於威士忌的調配來說，是很重要的高級氣味來源。前文提及艾雷島那年大乾旱，沒辦法生產泥煤，促使他們得在本島尋找一家能做出比較厚實口感、氣味強勁飽滿的酒廠，故找到了只有一對蒸餾器的廠房。1969年，舊廠房恢復生產，只停工短短不到1年，就重新復出，主要用來生產艾雷島泥煤風味的威士忌，這樣的酒液風格與生產持續了4年，後續這個階段性的支援任務結束，但它又多活了10年，生產無泥煤味的威士忌。1969至1983年這14年時間，由於無法沿用Clynelish的名稱，於是改名為Brora，以城鎮之名來取名，這就是Clynelish與Brora這對雙生子的歷史由來。

正因為有這14年的歷史，還被區分為有泥煤味的4年、無泥煤味的10年，在若干年後造成了威士忌老饕們瘋狂地尋覓Brora的各種酒款，因為那是絕無僅有的14年，而新的Clynelish酒廠就繼續運作著。直到前2、3年，Brora重新復廠，我剛好有機會去參觀，就在Clynelish的對面。不論是Brora或Clynelish，在我的心目中，他們都是同一家酒廠，只是曾經存在著不同的名字。

🍷 Clynelish 的蠟味來由

Clynelish最為人津津樂道的，就是最獨特也最神秘的Waxy風味，大家都想了解這個味道是怎麼來的。之前我曾經多次詢問集團的首席調酒師，

得到的回答似乎都比較官方。直到有一天，終於透露了秘密。蘇格蘭威士忌酒廠在每年的過年之前，會進行歲修，過年前停止生產後，會把所有設備都清洗過。有一年，年初準備重新生產第一批新酒，酒廠人員取樣試飲時，全部人嚇壞，因為蠟味不見了！那可是酒廠最引以為傲的風味。製酒師們急忙尋覓原因，後來他們發現可能是蒸餾的環節。以往於蒸餾程序取出酒心後，會留下「酒頭」和「酒尾」，其中酒尾裡有著分子量比較大，類似皮革、重油酯的厚重風味。

　　以往，廠內會將這些液體蒐集起來放進儲存槽，等待下一次的蒸餾程序時使用。儲存槽在酒頭酒尾反覆充填的過程中，內層慢慢累積一層Coating，是以重油酯為主的物質，就好像我們熟悉的「老滷」。原來是前一年的歲修，有人把那層Coating洗乾淨，結果蠟味就消失了，使得製酒師得想盡辦法重建標誌性的蠟味。有時候，那些我們覺得美好的味道，經常是在不經意當中誕生的，就像威士忌使用橡木桶熟成的巧合、香檳產生氣泡的巧合，一切都是因為「不經意」，這也是我們從威士忌世界學到的東西，不刻意為之卻是真正美麗的來源。所以喝威士忌也是一種哲學，有些人過份地追求單一面向的價值，或是刻意追求某種「必然」的結果，往往獲取的不是威士忌真正的本質。威士忌其實是更鬆弛、更自由自在的，我們甚至應該放鬆自己的心靈，讓威士忌多教我們一些東西，而不是站在威士忌的背後指指點點。

　　Clynelish這家酒廠是隸屬於全世界最大的烈酒集團——帝亞吉歐，這個集團幾乎擁有蘇格蘭一半威士忌橡木桶陳的庫存量，接近千萬桶的驚人數量。首席調酒師Craig Wilson告訴我，他每年會親自到酒廠裡挑桶，大約從兩萬桶威士忌才能中挑出一桶酒，當成記錄屬於這家酒廠代表的風格

CLYNELISH

SINGLE MALT
SCOTCH WHISKY

NATURAL CASK STRENGTH

SINCE 1819 CLYNELISH HAS MADE A MALT AS WELL KNOWN
FOR ITS TEXTURE AS FOR ITS TASTE. AN ATTRACTIVE
SMOOTH WAXINESS IS CULTIVATED IN DISTILLING.

CLYNELISH, SUTHERLAND, SCOTLAND

AGED
37
YEARS

CASK OF DISTINCTION

Selected for the Whisky Big Nose by
Steven Lin

1984   24/03/2022
9583   044/134   53.1%

DISTILLED AND BOTTLED IN SCOTLAND

及特色的威士忌，然後進行販售，那桶被挑選出來的威士忌就叫做「星星標」，這是我自己幫它取的名字，正式名稱叫做Casks of Distinction。

它的酒盒上刻著一顆八角星，而且這個酒無法單瓶購買，一次只能買一桶。帝亞吉歐集團中最最最高級別的威士忌，就是星星標，萬中選一之外，更是極難取得，相較於該酒廠所有同年份的威士忌，它的價格高了好幾倍。星星標相當稀有，但威士忌老饕卻可以很清楚地知道，在首席調酒師的心目中，這家酒廠的風格是什麼樣的，若仔細看星星標的酒色，絕大多數都不是非常深色的。

🍷 藏於老酒之中，那春意盎然的風味交織

剛好我有Clynelish的星星標37年，全球只有一百多瓶，酒色金黃，有著滿滿的蠟味，還有一點點老舊古堡裡揚起灰塵的氣味。此外，它有豐富的花蜜香，彷彿春天的蜜蜂在群花叢間撲翅採蜜，還有豐富的新鮮水果味，明明已經是這麼老的酒，卻一點都沒有過熟水果或果乾的味道，非常Fresh，像是檸檬、柳丁、棗子、蜜桃那樣，是全然新鮮的水果味道。這款老酒中還帶有一點粉嫩脂粉味，就是標準的、最頂尖的老酒應當要展現出來的特質。所以想要知道首席調酒師所認定的，記錄了蘇格蘭人認為足以代表酒廠精神的頂級老酒，喝星星標是最好辨認的方式。

傳承
百富 The Balvenie 12 年
#職人們數十年如一日的工藝之心

　　細究製作威士忌，其實不是非常複雜的工序。在過去的私釀時期，人們只帶著一支簡單的、水壺一般的蒸餾器，以及像彈簧形狀、做為冷凝功用的銅管，私釀者僅背著這兩樣工具到山上。他們把發酵麥汁倒進去，撿當地的柴火來烹煮，再把蒸餾器和銅管接在一起蒸餾出酒液，可能在冰天雪地的氣候當中，或把銅管泡在裝滿冰水的桶內，藉此達到冷凝的作用。即使直到目前，蘇格蘭威士忌的製作跟當初最傳統私釀時期的作業方式，差別其實並不大。或許只是加上一些 Sensor、電腦輔助，對於溫度、酒精濃度等細節進行監控，如此而已。

▼ 保留手工、職人們的專業及溫度，成為與眾不同

　　就拿發麥來說吧，讓大麥轉變為麥芽的過程，傳統做法是「地板發麥」：大麥泡水發芽後鋪在地板上，必須每 4 個小時翻動一次麥芽，方可均勻發

芽、不至於被悶壞，不僅耗費人力、耗用樓地板面積，工序更是日以繼夜。然而，百富Balvenie酒廠幾乎是整座廠完整保留了蘇格蘭製作威士忌最傳統的工序，當越來越多酒廠將費時、費工，甚至一些需要長久經驗累積的古法工序，改以電腦機械取代，百富依然維持傳統，全蘇格蘭目前已剩不到十家。他們推出的Monkey Shoulder，正是因為翻麥工人們幽默自稱肌肉發達之肩背的名稱而命名。翻麥真的是一門專業，手勢全來自於職人的豐富經驗，這是只能身教的工藝，百富酒廠至今仍保有手工翻麥。

而「銅匠」則是百富捍衛的另一項傳統。酒廠中的銅製蒸餾器，其實是有使用壽命的，包括底部、腹部、頸部、林恩臂，都會因受熱溫度不同而有不同的使用年限。穀類中的蛋白質會產生一些硫化物與銅接觸而產生化合物，銅壁因此不斷變薄，必須由銅匠把該更換的局部零件割下、補上新銅片，再重新敲打，恢復成嶄新的蒸餾器，這是一年一次、甚至數年一次的工作，因此大部分酒廠選擇視狀況來外聘合作廠商。在百富Balvenie酒廠前任首席調酒師David Stewart先生任職60週年的退休晚宴上，有幸受邀參與的我，正巧隔壁就坐了一位百富的銅匠，他的資歷甚至比David Stewart更久，我用了好多時間跟這位80幾歲的長輩，討論大量從書籍、網路上難以尋得、關於銅製蒸餾器的知識與經驗，收穫良多。對我來說，威士忌不只是個工藝品而已，它記錄了非常多「人」的味道；恰好，百富就是個家族產業，在酒廠中可以嗅聞到更多深刻的、屬於人的氣味在裡面，也因此讓百富威士忌與眾不同。

不僅如此，百富還有「桶匠」這個重要職務，目前絕大多數威士忌酒廠自國外購入的酒桶，凡是壞了、漏酒、需要修整的，都會找專門的製桶公司來協助維修，畢竟這是產業鍊裡的一環。然而百富不是，酒廠裡有自己的桶匠，而且世襲傳承。許多桶匠剛成年就進廠學習，一路做到他們退休，我認識的每一位桶匠，在酒廠裡工作30、40年的算是青壯年而已。這些桶匠的父親，甚至是祖父輩，可能都曾是百富的專職桶匠，每到一家酒廠拜訪，從中理解這些故事時，我心中是非常感動的。不同於大集團的管理思維，家族產業與當地的人關係密切，百富真正以行動實踐著威士忌行銷話術中常見的「傳承之美」，這次書中收錄的12使徒多以「創新」為主題挑選，但百富這份「傳承」的心意確實讓我印象深刻。

維持良好傳統，卻也有勇於創新的心

其實，百富Balvenie酒廠早在1982年就開始嘗試換桶熟成的「創新」，而且是走在所有人之前的創新之舉，如今換桶熟成已成為產業的熱門主流。他們前任的首席調酒師David Stewart在退休晚宴上宣佈傳承給28歲的女弟子Kelsey McKechnie；David Stewart在1993年做了一件很重大的事情，就是完成百富12年的過桶工藝。透過百富12年這支酒，對整個威士忌產業立下了非常重要的標竿。

2002年，我首次拜訪蘇格蘭酒廠，當時業界正如火如荼地研究著換桶熟成，卻尚未受到當時全球威士忌愛好者的認同。當時90%以上的威士忌酒廠只使用波本桶或雪莉桶，極少數會用其他橡木桶。使用雪莉桶是因私釀年代偷運威士忌時的意外收穫，也因此定義了威士忌的琥珀酒色。後來因大量使用橡木桶，同時美國波本酒規定必須用全新橡木桶，蘇格蘭威士忌酒廠正好接收一批釀造完成後的波本桶來進行熟成，隨著時間推進，波本桶和雪莉桶的風味從新味道變成老味道，在歐洲的年輕人不愛這味。2002年拜訪蘇格蘭時，我記得對於當時的台灣市場來說，20歲喝威士忌的叫做年輕人，30歲的是中生代，40、50歲已稱為老一輩了。但在歐洲，喝威士忌的人多半是70、80歲的人，40、50歲喝威士忌的叫做年輕人，當時20、30歲的族群不喝威士忌的，他們飲用將中性酒精或伏特加添加各種色素與人工香料的「調酒性飲料」。風水輪流轉，這幾年看見台灣市場20出頭的年輕人，也像20幾年前的歐洲，流行起用中性酒精和香料、色素調和的罐裝調飲。

　　百富12年是第一支採用換桶熟成工藝的威士忌，透過這樣的工藝，能提供威士忌更多元的風味，有些老饕認為「從一而終」的桶陳才是王道，「換桶」後就頓失價值。經過30年，威士忌更加擁抱全球愛好者的品味，換桶熟成的風格才慢慢成為主流。這兩年，百富 The Balvenie 甚至將「換桶熟成」建立起一個系列，尋找全球各種不同的橡木桶，提供大家更多風味選擇。過份前衛的思維難免容易遭到市場的誤解，但 David Stewart 自 1982年起就認真對待，持續研究「換桶熟成」，從百富12年威士忌開始，30餘年來的堅持終究獲得全球品飲者的熱愛，也改變了威士忌產業的生態。

10

—— 第十位使徒 ——

平衡
大摩 Dalmore 亞歷山大三世
#將所有變因調配成完美的不變

前文提過，在《尋找屬於自己的12使徒》書中，多以我喜愛的「風味」為選擇主軸；更加認識威士忌後，我認為風味的來源一定源自於製程，只有製程的創新，才能夠改變風味，甚至產生讓人驚豔的味道。

🍷 酒液風味細膩的原因

大摩 Dalmore 這家酒廠位於高地區，整個蘇格蘭最具有特色的威士忌酒廠都在這一區，像艾雷島有泥煤味，斯貝區有非常多果香、味道飽滿，都是大家熟知的威士忌風格。高地區卻是整個蘇格蘭最分散、幅員最廣大的區域，地形也最為特殊，所以該區每家酒廠的風格特色很不一樣。大摩酒廠在高地區的位置相當偏北，同時也靠近海邊，喝過大摩 Dalmore 的人就會發現，其口感的辨識度相當高，有兩個主要因素：一個來自於蒸餾器的使用，另一個則是橡木桶的選用。酒廠裡有兩種截然不同的蒸餾器，

一個是平頂式蒸餾器，不像是天鵝頸式的，它的頂部形似直接切斷，下方再接一根林恩臂出去，故得其名。另一個則是特殊的「水夾克（Water Jacket）」，在蒸餾器的脖子再套上一層殼，並讓水於殼中流動、產生降溫效果，能造成蒸氣更多的冷卻回流，進而形成更細膩的風味。除了蒸餾器的差異，另一個高辨識度的原因，就是來自於他們選用的橡木桶：一種名為Matusalem的雪莉桶，它們用於浸製雪莉酒的時間大多長達30～50年，以至於在大摩的酒體中，汲取自雪莉酒的風味多過於橡木桶的味道。這兩大因素，造就了大摩威士忌獨有的風味特色。

大摩的首席調酒師Richard Paterson，曾經是蘇格蘭最年輕的首席調酒師，其才華甚至曾被讚為「神之鼻」，也為他自己的鼻子投了巨額保險。有些人認識他所調的酒，其實是來自於好萊塢電影《金牌特務》中「一滴都不能少」的經典台詞。過去我嘗試大摩時，這個品牌還沒有受到這麼多人矚目，可見電影的影響力是相當巨大的，因為一部電影，讓人注意到了大摩Dalmore的美好，這幾年開始變得炙手可熱。

早期，我曾受邀到電視節目「夢想街57號」談論關於酒的知識跟觀念，我曾大力推薦大摩Dalmore的亞歷山大三世，然而當時它是乏人問津的，因為它標明了「亞歷山大三世」的名字，沒有一般大眾熟知的12年、15年、18年……各種年份的數字，當時的價格也要4、5千元，並不便宜。但是現在，這一支亞歷山大三世的入手價，已經是那時兩倍以上的價格，卻仍供不應求。

🍷 極高難度的調配工藝

為何我始終如此推薦這支威士忌？因為它顛覆了我們對於用桶的既有認知，直到目前為止，幾乎沒有人能超越它。催生這支亞歷山大三世的靈魂人物，就是首席調酒師Richard Paterson。這支大摩的威士忌總共用了六種完全不同的橡木桶來熟成，就像我們之前提及的，「換桶熟成」這件事情在過往是很前衛、很具實驗性的作為。而換桶熟成在各種桶中到底分別要陳放多少年？其實沒辦法標準化，因為他們所追求的是「風味上的平衡」，所以必須實際去拿捏、去感受。而且，這裡講的只是一種桶而已，那如果是兩種桶呢？很困難，因為你要找到各自的平衡，再進行調配。如果是三種桶子呢？甚至是四種桶子、五種桶子、六種桶子，你就知道這是多麼複雜的事情、多麼難達成的工序了。

如果真正瞭解威士忌的調配藝術，你就會發現「風味的穩定」難如登天，是非常困難的成就。所有的威士忌面臨商品化的時候，不能說今年調配出來的，跟明年、前年、大前年的味道不一樣，因為消費者必定會質疑。再者，當你找到了好的味道，導致這支酒賣得太好，結果隔年調出來的酒卻沒那麼好喝時，這對品牌就會造成嚴重的打擊，信任度開始崩解。當人們對好喝、熱銷的酒建立起信任感，接下來就必須一直提供風味穩定的產品。除非把它改名，否則只要繼續叫做亞歷山大三世，它就得維持相同且穩定的美好，這就是最困難的地方之一。當調酒師要把六種桶子的換桶熟成調配在一起，同時維持這般穩定的平衡，就是挑戰了「換桶熟成」之中的巔峰之作，這就是為什麼我把它選為12使徒之一的原因，而且，它好喝得不得了。

這支酒選用了美國的小批次波本桶、Matusalem 30年雪莉桶、來自義大利西西里島的馬莎拉桶、葡萄牙的波特酒桶與馬德拉酒桶，以及法國卡本內蘇維濃紅酒桶，分別熟成於不同桶子，再將酒液平衡地融合在一起。Richard Paterson清楚地知道要從哪一種酒桶中取得什麼樣的風味，又讓酒體有層次、有順序地釋放和堆疊出美好的品飲體驗。來自迥異桶子的氣味，在這個碰撞過程中造成許多獨特的味道，是一般橡木桶熟成裡找不到的風味，這讓我們對於威士忌有更多的想像力。老實說，我每次喝亞歷山大三世時所嚐到的風味、得到的感受都很不一樣，它將調和工藝推到了一個極致，這也是我覺得它最為迷人之處。不論未來是否有酒廠使用更多種酒桶、能將多元風味融合為穩定而完美的威士忌，大摩的亞歷山大三世都仍是我心目中做得最好的作品之一。

11
─── 第十一位使徒 ───

和諧
帝王 Dewar's Double Double 21yo
#前所未有，威士忌最美好的時代

....

　　我覺得我們的運氣非常好，這些年剛好是威士忌產業裡擁有精采絕倫天才們的黃金時代。David Stewart 是一位，Richard Paterson 也是一位，最近我還接觸過幾位堪稱為天才型的女性調酒師，就像是接下來即將介紹的 Stephanie MacLeod，也是我心中相當佩服的首席調酒師。

　　帝王 Dewar's 是個聽起來高尚的中文譯名，這家酒廠的首席調酒師 Stephanie MacLeod 是位美麗的女性，創下了 IWC（International Whisky Competition）這個威士忌評鑑有史以來最偉大的紀錄：至今（2024年）連續 6 年拿到 IWC 全球最佳首席調酒師的頭銜，這是一個至高無上的殊榮，因為 IWC 的評鑑從頭到尾都是盲飲，評審們根本不知道是誰的作品，所以今年當 Stephanie MacLeod 的作品再次拔得頭籌時，IWC 的主席就開玩笑地打電話給她說：「妳造成了我們的麻煩，妳連續 6 年拿到最佳首席調酒師，會讓人覺得我們是不是有什麼勾結，導致我們的公正性被質疑。」你就知道，她有多麼厲害了。

首席調酒師Stephanie MacLeod在研究過往典籍的過程當中，她找到了最古老的帝王Dewar's，他們曾經做了某種調和技法，能讓威士忌喝起來更柔順、更細膩，而且充滿優雅氣質，也因為如此讓帝王Dewar's曾經是全美國賣得最好的調和威士忌。採用超級滑順的桶陳方法，喝過的人都會說讚，而這種工藝叫做「雙重熟成（Double Maturation）」。以前我喝的帝王Dewar's，都是使用這種工藝所製成的威士忌，可是在Stephanie MacLeod的手上，她把「雙重熟成」進化為屬於她個人獨到的熟成方式，稱為「四重熟成（Double Double Maturation）」，這讓她連續6年獲得全球最佳首席調酒師殊榮的技法，需要花點時間來解釋。

四重調配與熟成的極致工藝

第一步，她先熟成單一穀類威士忌，以及單一麥芽威士忌，這屬於第一重熟成。而第二重熟成，是將不同的單一穀類威士忌製作出調和穀類威士忌，同時也把不同的單一麥芽威士忌製作出調和麥芽威士忌，將它們放入橡木桶，然後再次熟成。第三重熟成則是將調和穀類威士忌與調和麥芽威士忌混合，成為調和威士忌，同樣再次入桶熟成，一般的酒可能在此時就已裝瓶，他們選擇再入桶、再熟成。熟成之後，這位首席調酒師還不過癮，她想要「換桶熟成」，這是第四階段，讓酒液到雪莉桶裡，進行第四重的熟成。我所選的這支帝王Dewar's，最終換桶熟成的第四重工序就是換到Mizunara oak casks（水楢桶）裡。第一點，她用了比別人更多款的橡木桶；第二點，她累積了更多放入橡木桶的熟成時間，而且不只是調配，每一次的調配都要再次入桶、實行熟成，使所有酒液融合在一起，接著還有下一次的調配、下一次的入桶熟成……，這就是

為什麼它喝起來會這麼地滑順的原因。

如果你有機會喝到這支酒，會感覺到它過分地滑順，但裡面裝瓶的卻是46度的高酒精濃度，比一般威士忌的40度更高，但品飲起來彷彿連40度都不到，太順了！而且它擁有足夠的細膩度，以至於水楢桶本身應該要出現的日式禪意風格，在這細緻的味道中仍能如實展現出來。其實近幾年來有許多人使用日本的水楢桶來進行換桶熟成，但往往其他橡木下得過重的時候，這種像是日本寺廟當中的伽羅香多半會被過強的桶味壓抑住。而這支帝王 Dewar's 使用 Double Double 熟成，讓細膩的水楢桶氣味維持得非常優雅，即使相較於基本款更高的40度酒精濃度，它喝起來不只是飽滿而已，還相當滑順細緻。

對我來說，大摩 Dalmore 的亞歷山大三世和帝王 Dewar's 的 Double Double，這兩支酒都展現出橡木桶桶陳工藝的極致美麗，調酒師把威士忌的各種可能性都達成了，在過去的時代，根本就沒有這般狠人，我真心覺得，不喝威士忌的人真是虧大了、太可惜了。在這個時代，如果你不喝威士忌，不曉得錯過了多少美好的東西，有這麼多的天才集思廣益，把他們所有的才能發揮在威士忌上，在過往不曾出現的精彩絕倫在這個時代裡發生著，因此可以說，我們現今活在威士忌最美好的時代。

12

─ 第十二位使徒 ─

醬味
Millstone 100 Rye Whisky
#超越慣性思考的發酵時間

關於前作介紹過的12使徒，讀者們多半會表示各有所好，然而，威士忌的世界豐富多元，除了我們認識的，還有更多不認識的，如果我們放下只尋找符合自己價值觀的威士忌，就能更全面地看到威士忌世界的瑰麗與美好。你可以愛上柔順到極致的帝王Dewar's Double Double，可以愛上複雜到無以復加的大摩Dalmore 亞歷山大三世，可以去緬懷從1993年起建立經典的百富 The Balvenie12 年，更可以尋找到那無法被拷貝的Clynelish的蠟味以及波摩Bowmore的皂味，還能在不同橡木桶的實驗中找到瑞典高岸High Coast、找到雅沐特Amrut，或在追求產地履歷的過程當中，看到沃特福Waterford將大麥原料做了如此精密的分類。還有Midleton Very Rare的製酒者將橡木推向單一樹林、單一棵橡木的產地履歷。你甚至發現在製程當中追求極致的人，像是The Clydeside他們重新定義了酒心，InchDairnie重新用裸麥、用羅門式蒸餾器找到前所未有的氣味……。最後一位使徒，我想介紹的酒廠是來自荷蘭的 Millstone。

🍷 因為發酵，讓威士忌出現「醬味」

Millstone的這支100 Rye Whisky已經連續兩年拿到全球最佳裸麥威士忌的榮譽。前陣子拜訪了屏東的醬油製造廠，參訪目的是進行「威士忌與醬油的對話」，因為對我來說，威士忌當中也有許多「醬味」，就像我曾經在Millstone酒廠覺得的「醬味」。雪莉桶威士忌多半帶有比較多的醬味，因為雪莉酒本身就是長時間在橡木桶當中熟化，所以有一些氧化的氣味加入，而這種氣味有點類似製作梅干菜時，在發酵過程中進行的氧化作用，因此容易從雪莉桶威士忌裡喝到一點「醬味」。除此之外，另一個醬味的來源是「發酵」，這在製作威士忌的過程是最重要的工序之一，它和蒸餾是兩大關鍵點。發酵是把所有的味道製造出來，而蒸餾是從發酵產生的所有味道中，挑選出想要的味道，以蒸餾器萃取，透過酒心擷取出製酒者想呈現的風味。發酵製造味道、蒸餾選取味道，這兩者就是威士忌製程當中最重要的部分，就此定義風味的工序。

前文提及InchDairnie時，我們重新思考裸麥在整個威士忌歷史的定位上，其實是具有特殊意義的。當我們不只是在乎酒液生產量，而更在乎風味變化的時候，裸麥或許是個非常值得大家深入探索的穀類原料，因為相對來說，它的蛋白質偏多，風味的變化更豐富。但也因為如此，產出的糖化液較為濃稠，處理上較為困難，尤其是過濾的程序。

🍷 用時間等待，長發酵帶來的豐厚飽滿

然而，Millstone這支裸麥威士忌建立了一個顛覆過往思維的里程碑，不

使用麥芽的思考邏輯，從中衍生出迥然不同的方法。在蘇格蘭，一般麥芽的發酵時間是兩天，也就是48個小時就完成了所有程序，但也會希望產生一些乳酸菌的發酵，所謂「長發酵」的製作，有些會拉長至55、75、85個小時，甚至極少數的酒廠有超過100小時的發酵時間。在酵母菌的發酵程序完成後，乳酸菌也會介入，這讓威士忌有更多漂亮的果香味產生，但是這支Millstone顛覆了我的思考，他們的發酵時間是9天，竟長達216個小時。

發酵會製造風味，在初期發酵就已經產生大量的氣味，而且還是用蛋白質較多的裸麥當原料，長時間發酵讓風味更加豐富和圓潤；再藉由極為緩慢的蒸餾過程汲取出妙不可言的味道。他們製作豐厚氣味的裸麥新酒，與全新美國白橡木桶相互融合在一起，形塑出屬於這家酒廠極端複雜、極端飽滿的味道。從前段的酵母菌發酵開始，製酒者刻意將溫度控制在30°C以下，避免因溫度過高而讓菌種壞死；長時間的低溫發酵，作用較為緩慢，有助於做出更細密的味道、產出更多氣味，這樣的發酵工序顛覆了我們習以為常的價值。

其實這家酒廠也有做麥芽威士忌，其發酵時程也遠遠超過蘇格蘭威士忌廠定義的時間，約莫190個小時，而雪莉桶威士忌也採用具有醬味的老酒桶進行桶陳，長時間發酵的酒液與帶醬味的老酒桶相互融合，達成飽滿的醬味平衡。裸麥威士忌使用全新橡木桶來熟成，新桶的強烈氣味與長發酵、多元風味的酒液共同交織出細膩又厚實的風味感受。

當我們回歸製作威士忌的古老製程，會覺得一切事物都有它的可能性，可是一旦讓製酒進入有規模的商業活動、談論所謂的經濟效益和SOP時，

就必須犧牲掉非常多東西。慢慢地，我們就會掉進這般思考裡，包括合理的發酵時間、合理的蒸餾時間、合理的桶陳時間，直覺認為能製造出合理的好味道。而我介紹的一些小酒廠，他們想給你的，並不是合理的好味道，而是創造更多味道的可能性。200多個小時會造成什麼樣的氣味？在這支酒裡就可以感受到，這也是為什麼這支酒能夠連續兩年在WWA（World Whiskies Awards）拿到世界最佳裸麥威士忌的殊榮，它擁有極為複雜且深邃的氣味，更迷人的是，那超越慣性思考的發酵時間，創造出更多風味的的可能性，這就是我為何將它選為使徒之一的原因。

威士忌旅程再啟

因威士忌而美好的探索之旅

作者	林一峰 Steven LIN（部分圖片提供）
特約攝影	陳家偉、李正崗
文字協力	簡士傑、張馨云
美術設計	TODAY STUDIO・黃新鈞
責任編輯	蕭歆儀
總編輯	林麗文
主編	蕭歆儀、賴秉薇、高佩琳、林宥彤
執行編輯	林靜莉
行銷總監	祝子慧
行銷企劃	林彥伶
出版	幸福文化出版社／遠足文化事業股份有限公司
地址	231新北市新店區民權路108-1號8樓
電話	(02) 2218-1417
傳真	(02) 2218-8057
發行	遠足文化事業股份有限公司（讀書共和國出版集團）
地址	231新北市新店區民權路108之2號9樓

電話 (02) 2218-1417
傳真 (02) 2218-1142
客服信箱 service@bookrep.com.tw
客服電話 0800-221-029
郵撥帳號 19504465
網址 www.bookrep.com.tw

法律顧問 華洋法律事務所 蘇文生律師
印製 凱林彩印股份有限公司

出版日期 西元2024年11月 初版一刷
定價 580元
書號 1KSA0029
ISBN 9786267532324
ISBN（PDF） 9786267532485
ISBN（EPUB） 9786267532492

國家圖書館出版品預行編目（CIP）資料

威士忌旅程再啟：因威士忌而美好的探索之旅／林一峰 Steven LIN 著. -- 初版. -- 新北市：幸福文化出版社出版：遠足文化事業股份有限公司發行，2024.11　272面；17×23公分　ISBN 978-626-7532-32-4（平裝）
1.CST：威士忌酒
463.834　　　　　　　　　　　　　　　　　　　　　　113013996